坐月子
Bible for Mommy.

體質調教聖經

行醫50年，醫學博士教你 $3:8$ 調養術，
在家也能坐出五星級月子現省20萬

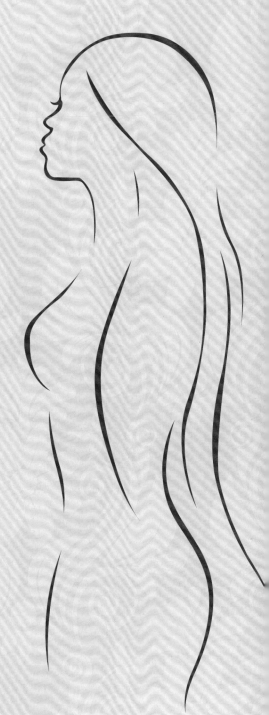

推薦序

專業婦科中醫教妳做好全方位孕期保養

　　徐慧茵醫師是內人秀琴就讀北醫護專時的同學，我們兩家住得近、經常往來，是通家摯友的關係，此次受其託囑向讀者推薦新書《坐月子體質調教聖經》，自是樂之為序。

　　徐醫師在北醫畢業後，繼續研修中醫學並經特考成為中醫師。為了加強醫學基礎，她邀集一批同好及中醫特考及格的同伴一起組織讀書會，邀我在全昌堂診所利用每週日晚間進行3小時的課程。我將在北醫婦產科整年的課程用幻燈片及講義講授，由女性生殖器官的解剖、生理、產科、婦科、不孕症、胎盤、周產期醫學、腫瘤等等，搭配平時收集的資料及在婦產科醫學會發表的案例作一系列的講述。全班五、六十人都很熱心認真上課，無人缺席；在徐醫師的帶領下，讀書會發展成中醫婦科醫學會，徐醫師也因而成為中醫婦科醫學會第一屆創會理事長。這些上課的同學多人在執業後，為求上進更紛紛到中國大陸、廣州、上海、南京等中醫藥大學、進修碩士及博士，徐醫師在2010年更以【多囊性卵巢研究】通過廣州中醫藥大學的博士學位。

　　徐慧茵醫師一方面執業，另方面不斷的進修，力求上進，提升水準，更經常受邀上電視，講述中醫婦產科相關問題進行大眾教育。私下她是4個女兒的媽媽，忙碌之餘還幫女兒照顧幼兒，現在已是好幾個孫子的奶奶了。欣見她將自己親身照顧子女及孫子的經驗，以及執業期間、過去上電視常被病人諮詢的問題，綜合歸納成為一本孕婦養胎及產婦調養的書籍，很適合坐月子的女性們參考。

　　這本書從孕前做好身體保養開始談起，幫助讀者釐清無法受孕的問題，而孕期該怎麼養胎？產後坐月子的照護及飲食怎麼做？甚至是初生嬰兒的照護技巧，書中都可見到徐醫師精闢的分享。相信急於懷孕，或已經懷孕、希望好好照顧胎兒，或是手忙腳亂的新手媽媽們，在看過本書後，心中的疑慮就能豁然而解，知道要如何去面對了。

阮正雄

台北醫學大學婦產科臨床副教授及 中醫婦科醫學會顧問

推薦序

一本從孕前至產後坐月子的必備養生寶典

隨著時代的變遷，時下男女結婚大多超過適婚年齡，婚後不孕的盛行率日益增高。其實，多年不孕者求助西醫門診並會同中醫治療，常有令人滿意的答案；而中醫在婦女孕、胎、產、乳……等保健調養上，更具有獨特的照護優勢。

新生命的誕生，是上帝賜給婚後男女的最佳禮物。其中，女性從受孕到懷胎、生產至坐月子，在在需要家人的呵護，以及孕產婦自我的健康管理，方能孕育出健康可愛的baby，並能使媽媽們保有健康、充滿活力的生活。

徐慧茵醫師有鑑於婦科門診中甚多需要懷孕及產後調理的患者諮詢，特將多年來的診治經驗，同時以身為女人的同理心，把女人受孕、妊娠、產後保健的珍貴經驗，集結成書『坐好月子』，提供給廣大有需要的婦女參考使用。

徐醫師於台北醫學大學醫學院畢業後，從事中醫醫療業務，後又在廣州中醫藥大學婦科研究所深造，榮獲中醫婦科博士，並被聘為廣州中醫藥大學客座教授；先後擔任本會常務理事、中華民國女中醫師協會理事長、中華民國中醫婦科醫學會創會理事長；兼之學貫中西，婦科領域學養俱優，堪稱為台灣中醫婦科的權威。

《坐月子體質調教聖經》為徐醫師多年診療的寶貴經驗，亦為其個人身體力行的寶典，內容豐富實用，不僅可作為婦女養生保健之用，亦可供中醫醫護人員臨床參考。值此生育養生寶典付梓問世，造福世人之際，特為之序。

台北市中醫師公會理事長

推薦序

一份祝福全天下女人的摯愛～
麗質並非天生，靠調養！青春永不凋零，靠食補！

從事女性醫療服務近20幾年，同為女人的我，著實能感同身受：面臨現代社會的變遷，女性所面臨的各項責任與工作壓力也是前所未有的。身為面對這些婦女的照護者，深深感覺需要有一本讓女性能從基本理解和掌握正確保養觀念的書籍。

欣聞徐醫師將出版新書，個人非常期待，因為她的文章總能使讀者在閱後都能輕鬆易懂，兼具實用效果。因此，我樂於在此推薦這位廣受病患支持、讚許的徐醫師與她的著作，相信這本書絕對能成為新手媽媽的好幫手。

懷孕生育是絕大多數女性一生中最難忘的經驗，然而婦女從懷孕、生產到坐月子的身體、心理變化，哺餵母奶與月子膳食種種問題，因為網路時代的資訊發達，各種說法常令人無所適從。

建議準備孕育新生命的女性朋友們，不妨先從閱讀這本新書開始！舉凡懷孕前後的飲食、生活起居、心理調適等等，徐醫師都提供了專業的中醫觀念及護理知識，教妳把握關鍵期、正確做好調養，留住健康、延緩老化。

照顧家人與初生寶寶的同時，女性朋友也別忘了寵愛自己。多一點知識，多一點健康，就能擁有更多美麗！願《坐月子體質調教聖經》一書陪伴所有天下的媽媽們一起享受健康、甜蜜的月子假期。

姚廣貞

紫金堂股份有限公司經理

推薦序
放心交給專業，擁有健康寶寶非夢事！

回想起九年前，我才剛進入新婚的喜悅，但因為先生是獨子，所以婚後不到半年就感受到長輩想抱孫子的期待……。

透過西醫檢查，證明我和先生沒有任何問題，可是卻遲遲無法受孕。在每個月好朋友來訪時，我總是抱著馬桶痛哭；拒絕有媽媽在場的朋友、同學聚會，只因為當我看到她們抱著自己的孩子時，內心總是難過無比。

因緣際會下，我找到了中醫的婦科權威－徐慧茵醫師。我深信同樣身為女人，徐醫師一定能深切了解女人的心事，以及想當媽媽的強烈意念。當時，我幾乎是不抱任何希望的去看診，但徐醫師卻在把脈後以輕柔、堅定的口吻說：「妳放輕鬆，一切就交給我，我們一起努力！」

這樣每週看診的日子持續半年，某天徐醫師宣佈：「珮瑜恭喜妳，肚子裡的baby是個小壯丁哦！」當時我心裡不禁吶喊著：「徐醫師真是太神了！」

直到懷孕期，我仍舊向徐醫師諮詢種種孕期疑問，不但減輕了我孕吐的不適，同時也讓肚子裡的寶貝一天天的健康長大。更重要的是，徐醫師總是設身處地為人著想，往往一句話就能化解我心裡的不安。而產後坐月子期間，也再次讓我體會到徐醫師的丹心妙手。因為無法出門就診，徐醫師憑著病歷記錄開立了適合的坐月子藥膳及處方，讓我安心自在地渡過月子時光。

從渴望懷孕→懷孕→孕吐→生產→坐月子期間，徐醫師展現的專業以及對病患的關心，我都真切的體會過。目前的我雖然已經四十歲了，但打算再接再勵生第二胎喔！在此恭喜徐醫師出版新書，孕期大小事交給徐醫師，放心！一定沒問題。

珮瑜
門診成功懷孕媽咪

推薦序

仁心仁術，伴我走過不孕路

　　現在飽受不孕困擾的人很多，但大部分人並不會想到自己也會成為其中的一個。以前我也單純的以為結婚後自然就能生育孩子，所以結婚的第一年即使沒有受孕，也都不以為意。直到媽媽提醒，我才驚覺自己「是不是怎麼了？」於是開始我的求醫行動。

　　雖然已經是八年前的事了，如今回想起那些奔波找尋良醫的日子仍歷歷在目。當時我因為始終無法成功受孕、幾乎失去信心，直到碰到擅長婦科的徐慧茵醫師。記得每次看診，我總是非常悲觀、抱持負面想法，她卻都不厭其煩、笑笑著給予鼓勵：「妳還很年輕，要更堅強勇敢，只要配合醫師指示，多運動讓身體更強壯，一定可以的！」所幸有徐醫師愛心、耐心的關懷，讓承受不孕治療長達兩年、感到非常孤單的我，獲得了極大的支持與陪伴。

　　經過徐醫師的回春妙手，我在一年多後順利生下寶貝兒子。而且，我本來是很容易感冒的體質，在徐醫師調理下，身體也變得更加健壯了。現在，我已經是兩個孩子的媽媽，擁有活潑快樂的家庭生活，這都要感謝徐醫師！

　　我真心希望所有和過去的我有著相同困擾的女性們，都應該積極求醫來改善不孕的狀況。找到一位兼具醫術與仁慈的醫師，妳一定可以更健康、快樂。在此祝福徐醫師的新書大賣！

謝淑儀
門診成功懷孕媽咪

作者序

突破傳統、中西合併，輕鬆坐好月子

　　女人一生中有三個重要的轉捩點：第一個就是青春期初潮前後，這時的女孩有如含苞待放的花朵，充滿了無限希望與美好；第二次則是懷孕生產期，女性此時好比盛開的花朵，燦爛美麗，若能保養得宜則美麗的人生得以更加成熟，蛻變成充滿魅力的女人，而能往下一個階段－更年期邁進。

　　而孕育是讓人類得以延續的關鍵，嬉戲的孩童更令人感到充滿盼望與未來。每當在診療桌前看到得知自己受孕而流下喜悅眼淚的準媽咪們，每每讓我心中一陣悸動，更使我熱愛這份工作、樂此而不疲。

　　近三十年來，台灣經濟發達，生殖醫學進步，現代人生得又少，如何孕育美好的新生命，以及如何坐好月子以應付往後的人生，經常是中醫師被問到的題目。中醫歷代以來是將好的養生觀寓於生活當中，但西方醫學亦有所長，因此讓我興起以中西醫學基礎、博覽群書來探討女性坐月子的想法。

　　十幾年前受到出版社的邀請，我撰寫了第一本以中醫觀念闡述的坐月子養生觀，使得自己從業以來的種種心得與實踐得以有系統的整理出來。我在臨床中常有機會接觸到盼孕婦女的心，五年前我又受邀做為月子餐飲的顧問，配合每月舉辦一次的媽媽教室，並進行產後訪視及諮詢工作，每個月接觸的準媽咪不下百位，面對孕期、初產媽咪，各種詢問可說不勝枚舉。

　　歲月匆匆，物換星移，新世代的孕媽咪要面臨更多的壓力與狀況。此次應台灣廣廈出版社之邀，我將三十餘年的經驗轉化成文字，以更科學、符合時代需求的方式將傳統醫學對懷孕、月子期的重要性做一總結，希望能為期盼受孕的女性、妊娠中的準媽咪以及新產婦提供幫助，也能應用於臨床中，希望每位女性能更幸福、健康！

　　最後感謝外子富億的支持、阮正雄醫師的指正，以及余碧真藥師為此書所特別設計的素食月子餐點。

徐慧茵

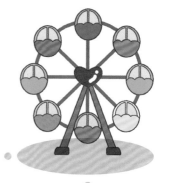

好孕媽咪摩天輪 起 點 入 口

PART1

送給心肝寶貝愛的禮物：
安度懷孕40週，為寶寶打下健康底子

Chapter 1

送給寶貝的第一份愛的禮物：孕媽咪0～3個月的養護原則

進入懷孕中期，可以開始準備胎教囉！

馬上就要進入穩定期了，媽咪要多補充鈣質

寶寶正快速成長！
等不及
要來到世上囉！

做好月子，
養好體質

坐好月子旋轉木馬 第 一 站

PART2

產後關鍵100天，
決定媽媽一生的健康

Chapter
1

坐月子調養祕笈
生完寶寶媽咪必學的

喝母乳的Baby
頭好壯壯！！

要先了解產後
的身體變化喔！

該好好運動
恢復原來身材囉！

努力運動中！

Chapter 4

產後3個月，是黃金鍛鍊期
打開的骨盤，該怎麼回復？

鬆弛的大腿肉肉回復法，媽咪一起跟著做

Q&A噴射飛機 第 二 站

PART 3

產後媽咪及寶寶護理的
疑難雜症Q&A

專業醫師
Q & A 解答

Chapter 1

坐月子的 黃金關鍵期必學調養術

何時才能恢復
魔鬼身材？

小寶寶照護
不再手忙腳亂！

為了寶寶吃得好
媽媽也要吃得巧！

Chapter
4

一次詳解！
關於寶寶的餵乳、日常照護 Q & A，

月子餐工坊 第 三 站
PART4
一人吃兩人補！
產後媽咪該怎麼吃？

Chapter
1

攝取原則是什麼？產後媽咪的坐月子飲食營養

營養1 — 脂肪
營養2 — 蛋白質
營養3 — 鈣質
營養4 — 鐵質
營養5 — 維生素

這些食物也不可少

建議產婦可多吃的食物！

Chapter
2

產後第一餐，到底該怎麼吃才對？

月子菜單
大公開！！

還有哪些
好吃的？
趕快看下去

→

Chapter 3

關於坐月子的飲食生活

大小事 Q&A

寶貝小火車 第四站
PART 5
新手媽咪必學的新生兒照護技巧

Chapter 1

照護初生寶寶的技巧完整公開

第一次餵哺，媽咪需要準備什麼？

寶寶全身軟軟的
該怎麼幫他洗澡？

脆弱的寶貝
需要細心呵護

Let's Start!

出口

做好月子
媽咪也會變漂亮喔！

懷胎10個月
寶貝的成長，準媽咪搶先看

　　這真是太神奇了～在懷孕的10個月裡，媽咪的肚肚，以及寶寶的樣子，可說是每天、每天都在改變喔～。現在，就讓我們先來看看，究竟這在40週裡，小寶貝是如何長大的吧！

3month 9～12週

胎兒的……
身高約9cm
體重約20g

媽媽的身體狀況

- 子宮大小：和拳頭大小差不多
- 子宮變大壓迫膀胱和直腸，因此小便次數變多
- 沒有出現害喜者，到本月大多會出現反應
- 乳房明顯變大
- 腿會發麻且有抽痛現象
- 變得容易頻尿
- 皮膚上容易長痣或斑

4month 13～16週

胎兒的……
身高約16～18cm
體重約110～160g

媽媽的身體狀況

- 子宮大小：約和兒童頭部一樣大
- 害喜症狀減輕、胃口變好
- 分泌物變多、易出汗
- 背和腰部易產生疼痛
- 手腳和身體比懷孕前溫暖
- 不安的情緒漸少

7month 25～28週

胎兒的……
身高約35～38cm
體重約1kg

媽媽的身體狀況

- 宮底高度約24～28cm
- 便秘和痔瘡嚴重
- 身上出現紫色的妊娠紋細線
- 子宮頂壓腹部引起消化不良
- 平躺時易入睡
- 下腹部和腿上的靜脈曲張變明顯

8month 29～32週

胎兒的……
身高約40～43cm
體重約1.5～1.8kg

媽媽的身體狀況

- 宮底高度約25～30cm
- 外陰部和乳頭顏色變深
- 手臂、大腿，甚至臉會水腫
- 太過用力，會引發腹部抽痛等症狀
- 子宮像球一樣揪成一團
- 懷孕引發的火氣嚴重
- 肋骨疼痛

1month

1～4週

胎兒的……
身高約1cm
體重約1g

媽媽的身體狀況

- 子宮大小：和雞蛋大小相似
- 會發生疑似感冒或有輕微發燒
- 身體會發冷
- 產生便秘
- 嗜睡

2month

5～8週

胎兒的……
身高約2cm
體重約4g

媽媽的身體狀況

- 子宮大小：和檸檬大小差不多
- 基礎體溫高
- 容易疲勞
- 皮膚變乾，容易發癢
- 經常有白色的陰道分泌物
- 時常乾嘔，聞到食物的味道會想吐
- 能清楚看到乳房表層的血管，乳房腫脹且乳頭顏色變深

5month

17～20週

胎兒的……
身高約20～25cm
體重約300g

媽媽的身體狀況

- 子宮大小：約和成人腦袋大小相似
- 肚子明顯隆起，一眼就能看出是孕婦
- 第一次感覺到胎動
- 出現腰痛
- 乳頭開始有分泌物流出
- 體重開始增加
- 腹部、胸部及臀部產生橘皮現象

6month

21～24週

胎兒的……
身高約28～30cm
體重約650g

媽媽的身體狀況

- 宮底高度：約20～24cm
- 撫摸腹部時，能摸到胎兒的位置
- 體重增加，腿部發麻且腫脹
- 大腿、小腿容易靜脈曲張
- 腰部痠痛
- 出現輕微的憂鬱
- 肚臍突出

9month

33～36週

胎兒的……
身高約45～46cm
體重約2.3～2.6kg

媽媽的身體狀況

- 宮底高度約28～32cm
- 腹部搔癢、肚臍突出
- 不規律的子宮收縮引起腹部抽痛
- 色素沉澱嚴重，妊娠紋明顯可見
- 半夜睡覺時腿會抽筋
- 容易疲勞和煩躁不安
- 容易失眠

10month

37～40週

胎兒的……
身高約50cm
體重約3.0～3.4kg

媽媽的身體狀況

- 宮底高度約32～34cm
- 隨時可能分娩，因此常感覺陣痛襲來
- 一部分孕婦有假性陣痛症狀
- 可能出現早期破水現象
- 下腹部和大腿疼痛
- 幾乎感覺不到胎動

謝謝你，來當我的孩子～我的寶貝！

你知道嗎？我的寶貝，

當醫生指著超音波上的小點點，說那就是你時，

你知道媽咪有多麼激動、多麼想要好好看清楚你的長相？

儘管再怎麼努力，還是看不清楚……

我的寶貝，媽咪希望你健健康康、希望你快快長大～

這也是在這10個月當中，

媽咪能夠送給你的，最、最真心的～愛的禮物……

PART 1

送給心肝寶貝愛的禮物——
安度懷孕40週，為寶寶打下健康底子

孕媽咪身心的健康對baby的身心發展有100%影響。唯有孕期維持身心平衡，
才能孕育出健康寶寶，媽咪生產時也會更加順利平安喔！

而懷孕時的女性因為體內荷爾蒙的變動，倦怠、腸胃問題、水腫、失眠接踵
而來，這些常見的孕期病徵，趕快來請教醫師該怎麼改善吧！

送給寶貝的第一份愛的禮物

孕媽咪0～3個月的養護原則

妊娠初期，我稱它為混亂期，因為此時一則以喜，一則以憂。既歡喜新生命的到來，卻又擔心會不會流產、胎兒異常，再加上嘔吐、頭暈等不適感，在在讓準媽咪們慌張不安。

但是，偏偏妊娠初期又是胎兒腦細胞形成數目能否達到正常的關鍵期，此時部份的孕媽咪會有孕吐、頻尿現象，又容易營養不良，到底該怎麼吃才可以孕育出聰明健康的寶寶？

☺ 媽咪需要的全方位營養

營養不良會導致胎兒大腦發育異常，影響胎兒智商。優質蛋白指的就是容易消化吸收、高利用率的蛋白質，如魚肉、畜禽肉、蛋類、奶類、豆類。

妊娠初期最大的困擾大概就屬孕吐了，所以在攝取優質蛋白之餘，將其烹調成色、香、味俱全的料理，孕婦比較容易進食而獲得此類營養，但要注意仍不宜過量，過量容易引起嘔吐。

重點1：多吃水果與蔬菜

水果富含維生素及礦物質，口味也較清爽，對孕吐嚴重或噁心欲嘔、食欲不振、胃口改變者，是很好的選擇。

重點2：多攝取葉酸

　　許多婦產科會在女性孕前或孕期主張補充葉酸，其實它是維生素B群中的一種，在細胞分裂、生長的過程中扮演重要角色；同時也是胎兒發育生長不可缺少的營養，也是**降低兔唇和唇顎裂的重要營養素，還可避免發生先天性心臟病。**

　　富含葉酸的食物，在蔬菜中有菠菜、蘆筍、小白菜、高麗菜、油髮菜（大陸妹）……等；麥芽、全麥麵包或是香蕉、草莓、柳橙、橘子……等水果，動物肝臟中也有。但是葉酸遇熱、遇光會變得不穩定，很容易喪失活性。所以還是從水果當中取得最為理想，特別注意，貯藏三天後的蔬果會損失葉酸含量；以中醫觀點看，補氣的功能也大為降低，以趁鮮食用最好。

這些食物，通通富含葉酸，媽媽們多多攝取，寶寶就會降低兔唇和唇顎裂的發生率喔！

重點3：補充水分

　　孕吐嚴重者會有失水現象，體內電解質將無法保持平衡，因此補充足量的水分對孕吐的媽媽們尤其重要。

孕婦體重增加多少才合適？

　　在整個懷孕過程中，醫師都會鼓勵媽媽們最好不要超過12～14公斤。體重增加過多的婦女在罹患糖尿病及高血壓……等慢性病方面，將會有比別人較高的可能性。

😊 這個階段
孕婦不該吃的7種食物

這個階段的媽咪，不要任意吃補品，尤其人參、鹿茸等中藥材！

 油條

　　油條含有明礬，明礬是含鋁的無機物，**對大腦是非常不好的食物**，產婦吃下後會通過胎盤進入胎兒的大腦中，所以一定要避吃。

 **酸性食物**

　　過多的酸性食物及飲料會**誘發遺傳基因突變**，導致胎兒畸型，如過多的肉食、精製糖，少吃為妙！

NG3 食物 茶與咖啡

　　含咖啡因的食物具有興奮作用，食用過多會刺激胎動增加，甚至影響生長發育。據統計，孕媽咪每天喝下5杯紅茶會使新生兒體重減輕，而且茶葉中的鞣酸會和食物中的鐵元素結合形成一種無法被吸收的化合物，不利於媽媽們對鐵的吸收，影響造血功能。

　　媽咪在懷孕初期，即3個月內，應避免攝取咖啡因。美國醫學雜誌曾指出，懷孕婦女喝下過量咖啡，胎死腹中的機率將會增加；而醫學研究結果也顯示，**咖啡因對胎兒腦部發展亦有不當的影響，可能造成胎兒癲癇。**

NG食物4 糖

　　甜食可以改善情緒，但吃下**過多的糖容易胃寒嘔酸水**，還有發胖之虞。而且過量糖分會消耗母體的鈣質，當母體鈣不足相對就是不利胎兒的牙胚生長，將來會影響乳牙發育，抗齲的能力也會下降，因此甜食請適可而止。

NG食物5 動物肝臟

　　數年前即有論文發表指出，妊娠前期食用動物肝臟有導致胎兒畸形的可能性，因此建議要補充維生素A、D者，可用紅蘿蔔取代。

NG食物6 過敏性食物

　　一般人想到過敏，腦中可能會浮現皮膚有蕁麻疹、濕疹等等畫面，其實過敏的現象還會反應在呼吸道及消化功能上，例如頭暈、胸悶、氣喘或消化道的噁心、嘔吐、腹瀉。

　　當過敏的食物經消化、吸收後，在母體會產生一系列的過敏反應，隨反應而產生的毒素會透過胎盤進入胎兒的血液循環，以致**妨礙胎兒的成長發育**；甚或依發育時序的不同，對器官的生成會有不良影響。

孕婦要避開的過敏食物有哪些？

1. 回想有哪些食物曾令妳發生過敏現象，在妊娠期間當禁止食用。
2. 不要吃過去未曾吃過的食物或已經發霉的飲食。
3. 在飲食後產生全身發癢、出疹或心悸、氣喘、腹痛、腹瀉，應立即停止食用。
4. 不吃易誘發過敏的食物，通常是蝦蟹、貝殼類……等海產，或是牛乳、堅果類，辛辣刺激性食物也不宜。
5. 不吃未煮熟的蛋白質。

海鮮易誘發過敏，要少吃！！

NG7食物 補品：

很多婆婆媽媽們以為，孕婦吃補品對胎兒好，因此總會自行買藥材來燉補。其實，熱性的補品對準媽媽及寶寶造成的壞處大於好處，特別是以下中藥材：

◆ 人參（紅參）需慎用

人參是大補元氣的藥材，懷孕婦女吃多了或是經常服用，反而會氣盛陰耗、陰虛火旺，也就是「氣有餘而陰不足」。「氣有餘」就變成火氣，因此**孕婦吃太多人參，反而會讓初期的孕吐更嚴重，或是發生水腫**；對患有高血壓的人更具有危險性，容易發生陰道出血或流產。

◆ 溫熱壯陽之品

例如鹿茸、核桃、補藥酒或甜酒釀、酒等等，這些溫熱之物易生內熱而傷陰，除非有醫師指導方可服用。

◆ 山楂

雖然它是非常普遍的保健食品，尤其初孕之時大部分女性都喜食酸甜，但要注意，山楂會促進子宮的收縮，恐有使人流產疑慮。

掌握健康懷孕10個月的關鍵訣竅

從確知懷孕的第一天起，至孩子終於呱呱墜地，每個媽媽的心裡總是既充滿了期待，又懷著忐忑不安的心情：怕孩子營養不夠、能不能順利生產……。懷孕三階段，把握關鍵營養及飲食重點，用正確方法緩解不適，保證寶寶頭好壯壯，媽咪體質也能一次調養好！

一定要做的產前檢查有哪些？

通常在懷孕6週內，產前檢查可以說是非常必要的。

1. 超音波檢查

　　首先是超音波，它可以確認是否為子宮內妊娠，能防止子宮外孕而不自知的情況發生。西醫婦產科的定期產前檢查非常重要，可通盤了解孕婦的身體狀況，尤其是肝、胃方面的健康，以及是否有高血壓、糖尿病等等問題。部分孕婦則需要做羊膜穿刺。

2. 羊膜穿刺檢查

　　羊膜穿刺檢查主要是**針對35歲以上的孕婦、3次以上流產者，以及有染色體疾病（如血友病）的人**，國內的健保單位均提供給付。它是一種創傷性的產前檢查，是在超音波的引導下以針穿過腹壁和子宮壁，再刺入羊膜腔吸取少量羊水以檢查胎兒細胞染色體核型分析，從而達到進行產前疾病診斷的目的。藉此可提早知道胎兒是否有遺傳性疾病，特別是染色體組成如唐氏症。

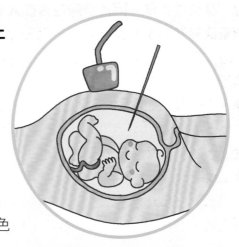

　　既為創傷性，意思就是說它有一定的危險性，因此在進行檢查前有幾項需注意的：

❶ 術前3天應禁止行房；術後7天內應避免性行為。

❷ 術前1天應沐浴；術後24小時內則不要沐浴。10分鐘前需排空膀胱。

❸ 手術前7天內有感冒、發燒、皮膚感染等現象，應告知醫師。

❹ 有過敏體質及特殊疾病需先告知醫師；術後24小時內要多休息，不要進行劇烈活動、遠行或搬重物。

❺ 通常針刺後難免會有疼痛感，約有2%的少數孕婦會有少量陰道出血或白帶量增加、子宮收縮現象。但若術後3天內有腹痛、腹脹、發燒或陰道持續性的流血、羊水溢出，都是危險信號，應盡速回診。

以下5種症狀要特別注意！

　　女性們確知自己懷孕，都是在已受孕15天之後的事。在知道之前，胚胎的營養都是自給自足的情況，約在受孕第三周才會在子宮內膜著床。初期感到倦怠、嗜睡或是乳房脹大都屬正常現象。

　　一般而言，妊娠初期大約會有以下症狀：

症狀1：害喜

　　懷孕之後產生噁心現象是很正常的。因為在懷孕初期，胎盤的絨毛組織會分泌一種激素，和嘔吐有密切關係。

　　懷孕時的嘔吐經常在早上出現，**一般是月經停止一個月後才開始**，並持續將近二個月再慢慢的減退。症狀輕微的人只是感覺早晨有點噁心、不想吃任何東西；嚴重的則會從早上就開始不舒服、延續一整天。

　　再嚴重的還會嘔吐、一天吐好幾回；甚至每次吃東西後就會覺得噁心，把剛剛吃的東西都吐出來。這些不同程度的差別與孕婦本身胃的狀況有關；有的則是因為比較神經質，症狀也就比較嚴重。

該怎麼改善？

- 如果是早上噁心想吐，一開始就不要吃太多湯湯水水的東西，先休息一下再起床。
- 若部分胃寒體質者，口水有分泌增加的情形，多吃點溫暖的食物，如薑、胡椒等等可改善。
- 如果嚴重到吃什麼吐什麼，或者一天吐好幾次的，或連胃裡的膽汁都吐出來的，就必須請醫師治療了。

症狀2：乳房疼痛

在卵巢的女性荷爾蒙及黃體素（孕激素）的作用下，妊娠期常會發生乳房脹疼的感覺，包括乳頭有觸痛感、乳暈顏色變深，均屬正常現象。部分原因是乳房脹大、但又穿著原尺寸內衣的緣故，小心減少碰觸即可。除此之外，應了解自己是否心情感到煩躁或憂鬱，因情緒上的障礙會導致肝經經絡不通，乳房正好是肝經通過之處，**氣滯不通的現象也會造成乳房脹痛**。

此時要特別加以注意的狀況是：乳房有沒有腫塊？腋下淋巴是否有腫大情形？要是有這些異常的話，同樣也要詢問醫師了。

症狀3：失眠

睡眠是健康的重要指標，然而根據統計，約有50％的人有失眠的問題。特別是懷孕期間的荷爾蒙異於平時，平日就有睡眠問題的人會更容易發生障礙。但是，安眠藥、抗焦慮藥物或是鎮靜劑皆不宜在孕期中使用，不妨使用以下能有效預防的方法。

6大方法，讓失眠症狀通通消失

方法1 保持心情舒暢：孕婦應消除憂慮及緊張的情緒，勿過度思慮、避免勞逸失調，維持每天規律的生活作息。

方法2 少生氣：不要老是去想不愉快的事。

方法3 培養睡前情緒：就寢前不看過度興奮、刺激的影片；避免喝茶、咖啡等提神飲料；激烈運動不宜進行；睡前將雙腳泡在溫熱水中可幫助睡眠。

方法4 日間曬太陽：白天接受30分鐘至1小時的陽光日曬，可以讓腦下垂體感受日夜差別，夜間好入睡。

方法5 改善睡眠環境：房間應冷暖適度，寢具及被褥應挑選皮膚感覺舒適者。

方法6 助眠飲食：睡前可飲一杯加少許糖的熱牛奶，或是冰糖蛋花湯。

試過以上方法，如果還是有睡眠上的困擾，這時就必須請教中醫師開立適合的處方用藥了。

冰糖蛋花湯怎麼做？

做法：冰糖加少許水煮化，倒入打散的蛋花，熄火即可。（亦可加入一些泡軟的白木耳同煮）

症狀4：頻尿與排尿困難

懷孕初期，孕婦的小便次數會有增加的現象，尤其在晚上更會發生頻尿。這是因為骨盆腔內的子宮變大、壓迫到膀胱，使膀胱容積變小。但過了頭三個月之後，子宮增大到腹腔部位，受壓迫的現象就會消失。

當每次解尿有疼痛感，嚴重的人甚至痛如刀割、伴有發燒時，大家都知道要找醫師治療；但當發生程度較輕微的頻尿及澀痛，大部分人會以為這是懷孕的正常現象而忽略。其實，無論是輕症或嚴重，女性都要小心可能是引發尿道炎的徵兆。

該怎麼改善？

因此建議，**在受孕初期時，孕婦晚上少吃一點利尿的食物**，例如西瓜、蛤蜊等等，可避免夜間頻繁起床解尿的困擾。因頻尿為自然的生理現象，所以並不需要特別的藥物治療。

除了頻尿，由於受孕子宮後傾，子宮頸往前壓迫到尿道口，反容易出現排尿困難的症狀。若有此現象，可諮詢中醫師使用處方藥來補氣升提，通常可得到滿意的結果。

症狀5：陰道出血

在妊娠期的陰道出血約有以下幾種成因：

❶激經

有少數的孕婦在初期階段，每個月仍有少量月經的現象，至胎兒成長到三個月後便恢復正常，古人稱為「激經」、「胎垢」、「老鼠胎」。它的特點是在月經該來時，流少量血、1～3天即淨，由於是規律的出血症狀，因此往往有女性懷孕了卻不自知。

❷胎漏

不同於上述的規律出血，這是一種受孕婦女陰道無故流出少量血的情形。有時血色會像豆汁一樣黃黃的，小腹會有點痛，感覺上好像不嚴重。但如果不加以治療，流血時間太長、母體陰液不足，便會導致胎死腹中或胚胎萎縮。

這種症狀主要是因為母體血熱所致，像是喜歡吃辛辣、燥熱食物，如麻辣火鍋、川菜、炸物、榴槤、荔枝……；或是有熬夜失眠、心情鬱悶的情形；也有一些是本身體質的關係；在臨床上則發現有很多人是因為亂吃補藥引起的。

該怎麼改善？

首先須去除病因，也就是**不吃辛辣、燥熱的食物；改善睡眠、調整情緒**；有吃補藥的就先暫停不可再服，並請醫師處方調理。

❸胎動不安

妊娠期有腰痠腹痛或感覺下腹墜脹，或伴有少量陰道出血的，表示胎下墜是將要流產的先兆，中醫稱做「胎動不安」，即西醫所說的「先兆流產」。

這時**要特別注意流血的量、顏色、質，以及腹痛腰痠的時間、嚴重程度、規律性**，這對醫師探討病因及處理方法都有關鍵性的影響。

❹子宮外孕

子宮外孕在妊娠停止時會引起內分泌上的變化，這時也會有陰道出血的狀況，經常是呈現不規則點滴狀、深褐色，也有人會流出較多量的血。

子宮外孕是指受孕卵子在子宮腔以外的黏膜上著床發育，可能是在輸卵管（比例上最多，約95%）、卵巢、腹腔、韌帶等等。在流產破裂前跟初期一樣會有噁心……等不適，部分孕婦會覺得下腹部的一側會隱隱作痛。如果有劇烈的突發性腹痛、臉色蒼白、陰道出血，都必須趕快就醫。

孕媽咪最想知道的症狀

Q&A

Q1 出現妊娠惡阻時，該怎麼辦？

A 妊娠期出現的噁心現象，中醫稱為「妊娠惡阻」，想要改善不適，可以這樣做：

1 少量多餐。

2 為避免胃空虛，可準備一些喜歡的小點心，隨時食用。

3 避開不悅的氣味刺激，如炒菜味、煎魚味道。

4 便秘也會加重妊娠惡阻現象，要注意預防。

5 水果或蔬菜類食物可減輕孕吐發生，例如番茄、櫻桃、葡萄、橘子、蘋果、蓮霧等等。

用食療來改善症狀

體質上要分為虛實兩種。如果是胃氣「虛弱」的，即有噁心、嘔吐、厭食、倦怠、嗜睡的，要吃一些容易消化的食物，像是粥品、煨麵，也可食用簡便的藥膳，例如：

- 以蓮子、山藥、芡實、胡椒、黨參燉煮的加味四神豬肚湯。

- 滴雞精加蓮子3粒、紅棗2粒、砂仁1粒、蘇梗0.5錢熬煮入味。藉以補脾益氣、調和脾胃升降之氣。

- 雞精加2片西洋參以及2片柿蒂隔水燉煮。具有益氣養陰、降逆止嘔之效。

另一種肝胃不和、肝熱氣逆的體質，除了噁心、吐酸水之外，還會有胸脅脹痛、精神抑鬱、口苦、煩躁……等症狀。這時就要多吃蔬菜水果、生菜沙拉，或是以番茄來加重菜餚的調味，例如番茄炒雞丁。適合的藥膳則有：

1 陳皮3錢、竹茹2錢、柿餅1兩、生薑2片入鍋加水適量，小火煮1小時，再加砂糖少許煮至糖溶化即可。

2 亦可以生薑3片、烏梅3錢，加適量水熬煮入味，加冰糖煮化飲用。

3 去皮生薑磨成汁，加甘蔗汁200c.c.調勻，對口乾舌燥的嘔吐症狀很有效果。

送給心肝寶貝愛的禮物──安度懷孕40週，為寶寶打下健康底子

 ## Q2 妊娠咳嗽怎麼辦？

有句台灣諺語說：「土水師驚抓漏，醫師驚治嗽。」孕期間的咳嗽真是很讓醫師苦惱的情況，因為咳嗽太久或過度劇烈，常會影響胎氣，易導致流產或早產。

而孕期咳嗽，中醫又稱為子嗽，一般有三種成因：

❶ 感冒引起

因傷風感冒引起的咳嗽，用藥必須以醫師開立的處方為準，千萬不可自己亂服藥。至於中西醫皆可，醫師都會在考慮寶寶安全的前提下做適當處理。

❷ 母體為陰虛體質

這一向發生在肺陰不足，即一感冒就容易乾咳、不易痊癒者的身上。尤其女性在懷孕後「精血聚以養胎」，因此陰津更感不足，導致虛而上火、傷肺，或虛熱上燔、煉液成痰，致使痰濁不易出而形成咳嗽。

❸ 母體屬實熱體質

懷孕後因胎氣盛，火氣更大、火熱灼津，或因感冒發燒……等其他熱病導致肺陰耗傷、痰熱阻於肺，則有咯痰不爽、痰液黃稠的現象。

用食療來改善症狀

如果有此症狀，魚、蝦、筍子、菇類、橘子……等食物就暫時不要吃，另可服用藥膳調理。

沙參玉竹老鴨湯

材料

老鴨1隻，沙參、玉竹各3兩，生薑2片。

做法

STEP 1 老鴨去內臟、洗淨，剁成大塊，入滾水汆燙去除血水。

STEP 2 藥材洗淨，所有材料入鍋加水淹過，大火煮滾轉小火煲煮2小時，起鍋前可加少許鹽調味。

★能改善陰虛體質，適合無痰咳嗽、便秘、病後體虛或是患有糖尿病常有口渴感的人食用。

鹹香桔茶

將醃製過的鹹桔（中藥房可購買到）取適量泡入熱水中飲用；或加豬小腸同煮成湯。具有引熱下行、清熱化痰功效。

燕窩煲冰糖

冰糖少許加水1碗煮成糖水，再加5大匙即食燕盞以小火煮滾即可。能滋陰、養肺、止咳。

川貝熬水梨

材料
川貝粉2錢，水梨1顆。

做法
STEP 1 水梨對半切開，去核，將川貝粉置於中間凹處。

STEP 2 水梨放入碗中、移入電鍋，外鍋倒入1杯水隔水蒸煮，即可飲汁吃梨肉。

★前述所提的三種咳嗽體質皆可服用，並有清熱化痰之效。

杏梨湯

材料
水梨1顆，杏仁1錢，冰糖少許。

做法
STEP 1 水梨削皮、去核，切小塊，入鍋加杏仁粉混合均勻，加1碗水熬煮至水量剩半碗。

STEP 2 起鍋前加入冰糖煮化即可。

★有清熱化痰、潤肺止咳的功效，適用於外感風熱咳嗽的人，或是體熱久咳、痰黃者。

★杏仁買回當日即需服用，不宜久放，放置過久的杏仁帶有少許毒性，需特別注意。

什麼是先兆流產？症狀有哪些？該怎麼預防

A 先兆流產是指自然流產的早期階段，相當於中醫所說的「胎漏」及「胎動不安」。妊娠後約有50%的人會發生症狀，但只有15%的人會真的流產，因此先兆流產並不等於流產。

至於會不會真的導致流產？經常取決於胚胎是否有異常；假使胚胎正常，則孕婦在經過休息及治療，並去除引起流產的原因之後，常可持續妊娠直到生產。

先兆流產的症狀

❶ 妊娠後出現少量流血，伴有輕微下腹疼痛。

❷ 胎動有下墜感，感覺腰痠腹脹，但子宮口未開。

❸ 約發生在懷孕8週左右或之後的時間，在8週內發生則以胚胎異常較為多見。

近年來，在臨床上發生先兆流產極為常見，大略是因為職業婦女增加，工作精神壓力較大。據研究顯示，壓力過大會讓內分泌失衡，而失衡的內分泌又無法保護胎兒成長所致。基本上可分為三種：

❶ 胚胎異常

在8週以內的流產經常是胚胎異常的結果；中晚期4個月之後則大多因為臍帶供養不足以致寶寶缺氧。有些是因為孕婦在妊娠早期有嚴重的噁心及劇吐現象，導致媽媽本身營養不足，連帶引起胚胎發育不良；也有部分是因羊水不夠或過多，或是有早期破水、羊水滲漏情形。

❷ 母體本身的問題

當媽媽本身有以下狀況時，也比較容易發生先兆流產：

● 情緒問題：當孕婦有情緒不穩、憤怒、憂傷……等擾亂大腦皮層的現象時，會導致子宮異常收縮，引起出血。

● 病毒感染：感冒、風疹……等的病

毒傳染性疾病，會使孕婦因高燒和病毒、細菌的毒素侵擾，進而導致流產。

- 內分泌失調：如黃體素、腦下垂體激素、甲狀腺素的功能失調。
- 子宮環境不佳：子宮有先天或後天發育不良現象，如後屈、肌瘤，都會阻礙胚胎的發育。

❸ 其他

- 不當的性生活：妊娠早期的性行為，與過度粗暴的性交引起。
- 不當的婦科檢查：母體本身體質屬虛弱時，又加上婦科檢查手法過於粗糙，也會導致這種現象。
- 不當使用藥物：如毒品、奎寧、鋁、磷、汞等等。

　　若是以中醫的體質來分類，則下列三種體質者較易發生：

- **氣血虛弱**：母體虛弱、氣血兩虛，「氣虛不足以載胎」、「血虛不足以養胎」，因此才會發生胎漏、胎動不安的情形。
- **腎虛**：中醫所説的腎主生殖及發育，腎氣以養胎，當母體先天腎氣不足則衝任不固（衝任二脈受損）、胎失所繫，最後亦會導致習慣性流產和胎漏、胎動不安。

- **血熱**：孕後食用過多熱物或得熱病，則熱邪內盛、下擾血海，損及胎氣而致。有些則是因為跌倒內挫或勞力過度使用，損傷氣血，以致無法載胎、養胎。

避免發生先兆性流產的必學方法

　　妊娠前3個月是比較不穩定的階段，黃體功能未健全，胎盤的功能也要到3個月左右才能較為成熟。同時這也是胎兒大腦神經管線發育的重要時期，因此避免發生先兆性流產特別重要。孕婦們應注意：

- 避免接受放射線，或接觸正在進行放射治療者。
- 要有充足的睡眠時間及良好的睡眠品質，不可過於勞累，包括從事過度的活動或搬提重物，都會造成損害；也不能自行購買成藥服用，必須請醫師用藥時，務必要告知已有孕的事實。
- 保持均衡飲食，所吃的食物要多樣化，且以不油膩為原則。
- 二便應維持正常，可透過食用高纖維食物如芹菜、菠菜、地瓜、玉米、水果等等，再加上多喝水，讓大小便通暢。
- 若兼有貧血的人可吃豬血（糕）、鴨血補充鐵質，及有助滑腸的芝麻來改善。

均衡飲食能
有效避免
先兆性流產喔！

送給寶貝的第二份愛的禮物

孕媽咪 4～6 個月的養護原則

經過了令人慌亂的頭三個月，當孕程進入第四個月，也就是進入相對的穩定期了。此時胎兒內臟……等器官基本形狀接近完成，外表也漸成人形。媽媽們既不用再擔心流產問題，害喜現象多半已不存在，心情上便更為踏實。

😊 媽媽需要的全方位營養

隨著胎兒成長，媽媽們的肚子變大，乳房也跟著充盈，乳暈及乳頭顏色更暗沉；腰痠、腿脹及分泌物增多為正常現象，也較容易發生便秘或腹瀉，因此飲食的需求及注意項目也更多了。

此時胎中寶寶的器官組織迅速生長發育，要及時補充自己與胎兒的需求，而且孕吐及胃口差的現象這個階段基本上已經解除，所以可以放心的攝取營養。**除了妊娠初期的營養重點，最重要的原則就是吃得粗、吃得廣。**「粗」是指食物不要過於精緻；「廣」則是要包含眾多種類，也就是多吃糙米、五穀，以及葷素兼備的概念，還包括以下的飲食攝取重點。

重點1：攝取核果類

這段時間是胎兒大腦形成期，在食物中加入種子乾果類如核桃、松子、腰果、杏仁、榛果、夏威夷豆、花生……

等，皆**含有助大腦發育的脂肪酸，是很好的益智品**；也是很適合孕婦的小零嘴，但每天以10顆為限，以免熱量超過了。其他富含DHA的食物，如中小型的深海魚類也可多吃。

重點2：重視微量元素

微量元素雖然含量極微少（約佔體重的萬分之五），但它卻是構成身體元素的一部份。人體所需的微量元素如：硒、鋅、氟、錳、鐵、鈷、銅、鉻、碘、錫、鎳，但應避免攝入有毒的砷、汞、銻、鉛、鉍、鋁。

在妊娠中期，鋅的攝取相對重要，它能促進發育及食欲，對人體代謝可發揮廣泛的作用。食物來源廣泛，動植物都有，主要存在肉類及穀物中，其他如牡蠣、大白菜，黃豆，白蘿蔔……。

重點3：富含鈣及維生素D的飲食

鈣有「生命元素」之稱，是對胎兒骨骼形成相當重要的元素；**維生素D則是促進鈣順利輸送到寶寶體內的主要維生素**，大多存在於動物性食物中的蛋黃、奶酪……等，尤其魚及魚卵也很理想，多吃魚在妊娠中期有很大好處；另外適度的日曬也可幫助維生素D的形成。

重點4：補充膠原蛋白

從此時起，逐漸隆起的肚子會折斷腹部肌肉纖維而出現一條一條的紋路，即妊娠紋。

而要減輕妊娠紋的發生，可多吃富含膠原蛋白的食物，通常建議在妊娠3個月之後可每日吃少量燕窩、木耳、魚皮、雞皮、魚翅、海參。

燕窩種類比一比

血燕燕窩

天然燕窩以帶紅紫色完整無碎者為上品，所含的鐵質、礦物質營養最豐富。其成因是由於金絲燕燕種，其聚集地與其吞食的生物，加上風化而來。血燕極為罕有，產量有限。

黃燕燕窩

黃燕以屋燕為主，質地軟滑，因此較為大眾所接受，但高品質的黃燕同樣有產量較少的狀況。

白燕燕窩

古時候這種色白如銀的白燕經常是用來進貢皇室的珍品，或用來官場贈禮用，因此又有「貢燕」或「官燕」的別稱。為一般金絲燕第一次或第二次所築的巢，氣味清香。

● 白燕盞

這是最傳統，也是大家最常見的燕窩類型。發水率高，吸水後能膨脹8～9倍；經燉煮後質地軟爛、清香可口，在水中也不會溶化。

● 白燕條

色澤通常呈現米黃光潤狀，含有極佳的天然膠質，燉煮後口感爽滑。

● 白盞（燕）絲

是燕窩盞在人工去毛時所脫落的燕窩絲，質地軟滑，其中屋燕絲清香潔淨，也非常適合嬰幼兒食用。

這個階段，孕婦不該吃的食物有哪些？

 **某些魚類**

雖然妊娠中期應當多吃魚，但**鯊魚、鯖魚、旗魚這三種魚的汞含量高於其他魚類，應避免食用**。汞會影響胎兒大腦的生長發育，對中樞神經系統有負面效果，容易造成智能低下。

 **進補之物**

總有很多婆婆媽媽看到寶貝女兒、媳婦胃口這時候變好了，深怕營養不夠，於是鼓勵**吃人參、鹿茸、蜂王漿、補藥酒等等，這是不對的**。妊娠期母親的血用於養胎，會處於陰血偏虛、陽氣相對偏盛的體質，最容易出現火（胎火）氣大，如同古人所說：「產前一盆火，產後一盆冰。」因此，除非是在醫師指示下，否則進補通常弊多於利，自己絕不可輕易服用。

 **辛辣刺激與熱性食物**

古人稱懷孕為「重身」，此時身上等於是兩個心臟在運作，內分泌旺盛、血量增加，會覺得身體熱，故此時不宜服用熱性食物，尤其是**辣椒，或濃茶、烈酒，會刺激中樞神經興奮、影響媽咪的休息**。

過鹹的食物要少吃：太鹹的食物會影響鈣質的吸收，也會增加腎臟的負擔或誘發高血壓，妊娠水腫……等。

油膩食物

油膩的食物同樣**會降低鈣的吸收率**；高熱量的垃圾食品也要禁食，以防胃口一開、打亂了正常的三餐飲食，反而變胖。

NG5 食物 冷飲、冰品

　　由於很多孕媽咪會感到內熱，因而喜歡喝冷飲或吃冰冰涼涼的食物。但孕期中的腸胃其實對冷熱會特別敏感，冰冷食物會使腸胃突然收縮、胃液分泌減少、消化功能降低，造成腸胃問題，引發腹瀉、胃痙攣等等。

這個階段是進行胎教的好時機

　　胎中的寶貝在懷孕的中期開始產生最初的意識，此時的胎教相形重要。建議媽媽可多看些可愛的小照片，避免觀賞情節緊張、打打殺殺的電視節目或影片。父母不妨把肚裡的胎兒當成一個懂事的孩子，經常的撫摸肚子並與孩子對話，或輕柔的哼唱歌曲，對胎兒的智力發育很有益處。

　　公共場所、空氣流通較差的地方盡量少去；緊張的情緒及不好的空氣品質均會使得腎上腺素增加，減少子宮的血流量，因而使胎兒受損。

　　每天臨睡前，夫妻共同享受親密時光、彼此交流或愛撫5～10分鐘，這種充滿愛的感覺對胎兒也會產生良好的聯繫。在這樣氛圍下出生的孩子往往比較聰明，個性也較好。優雅充滿喜悅的音樂也是很好的胎教，如果再配合夫妻間的親暱互動，效果就更好了！

😊 有這些症狀時，要特別注意！

症狀1：水腫

　　孕期水腫發生在妊娠後期是可接受的狀況，只要有合理的作息和營養攝取，少吃鹽、控制飲水、多吃利尿食物即可。但如果是發生在前期及中期，那麼媽媽們就要特別加以注意，並記得告知醫師。

用食物來調理

冬瓜

有利尿消腫、解毒化痰、生津止渴的功效，可加入鯉魚煮成鮮魚湯；連皮切塊煮，效果會更好。

西瓜

有清熱解毒、利尿、消除浮腫的作用。建議白天食用，晚上吃反而夜尿多、影響睡眠。

鴨肉

是富含蛋白質、脂肪、鐵、鉀……等多種營養的水禽類，可清熱涼血、利尿、祛病。

豬腰

就以形補形的觀點來看，吃腎（豬腰）補腎，腎臟是尿液製造的器官，孕婦要滋腎利尿可多吃炒腰花或豬腰湯。

水中動植物

長在水中的植物如**荸薺、蓮藕、海帶均有利尿作用**；此外，超過半數以上的魚類也有助利尿，其中又以鯽魚、鯉魚及蛤蜊功效較佳。

症狀2：靜脈曲張

人體的血液由心臟打出周循至全身百骸，把營養送到各處到各器官做交換、供給，把廢物帶走，形成了動脈血與靜脈血。在管徑較粗的靜脈血管壁每隔不遠就有一結構為靜脈瓣，用以防止靜脈血回流。當子宮越來越大壓迫到下腔靜脈、影響靜脈血的回流時，就會堆積在下肢甚至外陰部。

另外導致靜脈曲張發生的因素還有：

❶ 心臟無力。

❷ 下肢運動不足，如久坐、久站。

❸ 下肢血液回流不佳，或因腫瘤壓迫，或靜脈瓣閉鎖不全。

以上皆會使得靜脈血回到肝或心臟的回流不暢，臨床表現起初是足踝、下腿感到腫脹緊痛或痠痛。尤其是在步行太久或久站、久坐之後短暫休息時，漸漸的會出現下肢浮腫，容易出現濕疹、皮膚炎、色素沉澱，或是晚上抽筋。日積月累下，大多會在下肢腿部皮膚冒出紅色、藍色像蜘蛛網的靜脈血管，逐漸演變成如蚯蚓狀的扭曲血管，更甚者像樹瘤般的堅硬結塊。

在台灣約45%的女性、20%的男性有靜脈曲張的狀況，與長期站立工作有關，如老師、護士、外科醫師、美髮師、專櫃小姐。它與遺傳的關係也很密切，避孕藥及懷孕則是女性發生的重要因素。

症狀3：妊娠紋

妊娠紋是腹部皮膚因子宮增大而往外突出、使皮膚繃張、彈力纖維層斷裂，因而出現一條條淡紅色的斜紋，在產後則會變成銀灰色。一旦形成則無法恢復，是女性朋友們的比基尼殺手，因此預防更甚於治療。必須要在肚皮開始撐大前適量食用含有膠原蛋白的食物。

症狀4：妊娠糖尿病

妊娠糖尿可分為兩種，一是在孕前即為糖尿病患者，另一種則是懷孕後才發生。無論是哪一種，基本上在飲食方面都需加以注意，最好諮詢營養師，做好均衡飲食計畫。尤其是在澱粉、蛋白質、油脂、水果的攝取上，都必須良好管控，並多吃高纖的蔬菜種類。

均衡飲食，能預防妊娠糖尿病

症狀5：小腹痛

　　妊娠期間的小腹疼痛，大部分是因為母體本身的氣血運行不暢而引起。在中醫來說，又以三種體質類型的人較容易發生：

❶ **血虛的媽媽們**腸胃吸收功能較差，而身上的血又必須到小腹養胎，當小腹血量不足時就會發生疼痛。

❷ 母體**氣滯型的人**，因原本氣不足兼以情緒憂鬱、肝血不足影響氣血循行，也會導致小腹脹痛。

❸ **母體體質虛寒**，子宮會比較寒，懷孕後小腹也會感覺冷冷的，平時身體會將能量集聚到小腹來保護寶寶時，一旦能量不足時腹部便會感到冷痛。

　　根據以上特點，中醫會給予一些適當的中藥處方，如當歸芍藥散、陳皮飲、消遙散等等，來幫助改善。

根據不同體質
用適當中藥材
來改善！！

孕媽咪最想知道的症狀
Q&A

Q1 孕期一定要吃黃連、珍珠粉或人參嗎？

很多婆婆媽媽在家中晚輩懷孕時，認為好像沒有準備一些補品，就有點過意不去似的，究竟人參、珍珠粉是否人人必要呢？可先從認識它們開始。

1 黃連－適用於火氣大的人

黃連有抑菌作用，少量食用時可促進胃的消化能力。在古書上記載它：大苦大寒、入心瀉火、鎮肝涼血、解渴除煩。從古至今，尚未有人說孕婦不可服這藥；也沒有書籍記載表示孕婦應該常常吃它。不過還是有其適用對象的，像是火氣大的孕婦，或有細菌性、病毒性感染時可用於清熱解毒。若有腸胃虛寒或體質偏寒者則不適合，久服後反會上火。

自古以來，醫家們認為「淡黃芩」才是清胎熱的聖品，而非黃連。

2 珍珠粉－可改善膚質

懷孕時吃點珍珠粉，對孕婦本身有一定程度上的幫助。因為珍珠粉除了潤澤肌膚、養顏美容的作用外，它也是一個清熱藥。由於沒有明顯的禁忌，因此一般孕婦食用大概不會有什麼問題。要特別注意的是，珍珠粉的質地必須要非常細膩，否則吃了會傷胃。

3 人參－體質虛弱者適用

眾所週知，人參是很珍貴的藥材之一，有滋補強壯、健脾的功效，是大補元氣之藥。但**懷孕後除非有必要，一般並不鼓勵孕婦服用人參。**

人參在治療虛弱性疾病很有效果，但懷孕並不是虛弱之病，因此人參並非必用品。除非是媽媽本身就很虛弱，這時服用人參便有改善體質的功效；可是如果孕婦身體健康，而且是體熱、火氣較大、大便不那麼通順的實熱體質，就不需再吃人參了。

發生靜脈曲張該怎麼辦？

A 這種現象的發生，預防重於事後治療，保健重點有：

● 不穿過緊的衣服，如馬甲、束腹……等；不可長時間穿高跟鞋，尤其懷孕時更要完全避免。

● 避免不良姿勢，如盤腿久坐、翹二郎腿、久坐、久站。

● 抽菸會使血管收縮、彈性變得不好，應戒除；另外要少喝酒；多吃高纖、低油、低鹽的食物；有慢性咳嗽、便秘、尿道阻塞……等疾病要積極治療。

● 每日快走15分鐘；**每晚睡前將腿部抬高半小時**，且盡量採左側臥睡姿，可降低骨盤腔的靜脈壓。

● **多吃滋潤食物，如海帶、海參、燕窩、魚翅、各種動物皮類**，這些富含膠原蛋白的食物有助改善血管彈性。

● 可按摩陰稜泉、三陰交、足三里、豐隆、血海……等穴位，每天對其中三個穴位加以緩和刺激。

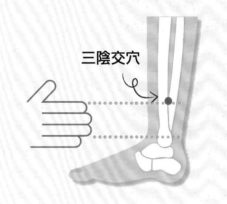

三陰交穴

肚皮為什麼會這麼癢？

A 有些孕婦在4～5個月後，肚子的皮膚會發癢，程度越來越嚴重，甚至長出紅色小疹子。部份的原因是越來越大的子宮，將腹部肌肉的纖維撐斷了，因而出現妊娠紋使人發癢，這時可擦點潤滑液或乳液來改善。

但有另外一種是因為媽媽體質對胎兒產生排斥的現象而長疹子，初期使用藥物還可稍微止癢，但到後期就會完全沒效果了。這些孕婦切忌食用筍子、香菇、蛤蜊、花枝、茄子；可多吃綠豆、絲瓜、西瓜、梨子……等清涼食物。

肚皮不妨用些較涼的茶葉水加點浴鹽來擦洗止癢；並且還要請中醫師針對體質做調整，才是根本之道。

送給寶貝的第三份愛的禮物
孕媽咪7～9個月的養護原則

在六個月的孕育之後，孕媽咪的肚子會越來越沉重。隨著子宮底的高度上升，逐漸上逼至上腹部，胎盤增大、胎兒成長、羊水增加，相對的體重也會迅速增加，行動上顯得更不靈活了。

除此之外，增大的子宮壓迫到下腔靜脈，使血回流變差，下肢靜脈曲張更會突顯，痔瘡、便秘相應而出；睡姿也會因肚子大而受影響，腰痠背痛日漸嚴重……，孕婦們希望趕快「卸貨」的念頭自然逐日加重了。而為使生產更順利，後期的營養及日常保健，還是相當重要喔！

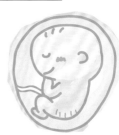

😊 這個時期，媽媽最需要的營養

儘管漸漸長大的肚子造成行動不便，但妊娠後期仍充滿了胎動的喜悅。此時也是胎兒生長最快速的時期，大約每週可增加250公克。不過要注意，吃太多、增加體重過多，可是會胖到自己！

在優質蛋白、維生素及微量元素方面的攝取，還是很必要，而含鈣、鐵、鋅以及DHA的食物也都有重要作用。

重點1：多補充含鈣食物

鈣是人體內重要的礦物質，也是含量最多、需要量最大的礦物質。身體內的鈣大部分分布在骨骼和牙齒中，女性一生中骨密度的高峰期在25～35歲之間，而這段時間正是大多數人的黃金生育期，對鈣質的需求也最大。

蘿蔔、排骨含鈣量高，
媽咪可攝取唷！

　　它不只與骨密度有關，也和免疫相關，**缺乏鈣質將會導致免疫系統失調，容易感染疾病、發生自體免疫疾病**；並且，它與肌肉、心臟的正常收縮，以及神經反應都有關聯；同時，鈣也是天然的鎮靜劑、止痛藥與安眠藥。

　　此時，孕婦除了可多加攝取含鈣豐富、吸收率較高的牛奶及奶製品外，對奶類過敏者亦可從珍珠粉或其他食物中獲得，如紫菜、海帶、小魚乾、貝類、魚骨、排骨、蝦米、芝麻、山楂；蔬菜中的蘿蔔、花椰菜、菠菜、芥藍菜、香菇、木耳等等。

聽說吃太多鈣，會引起結石，是真的嗎？

　　人體的血鈣升高時，甲狀腺的濾泡旁細胞會分泌降鈣素。降鈣素會讓人減少進餐的份量，且在腸道中的鈣離子會和膽固醇、脂肪酸結合，以阻斷腸道對脂肪的吸收並隨糞便排出，所以並不會引發結石。

重點2：鐵質幫助造血

鐵是人體必需的微量元素，也是造血所需的原料。幸好它可反覆被身體利用，因此在一般狀況下比較不會發生嚴重缺乏的問題。但孕婦因為體內多了胎兒，血液量增加，所以在攝取含鐵食物上顯得非常重要，**可從奶類、蛋類、櫻桃、柑橘、黑紫色葡萄中獲得**；或可將紅棗去籽、加水煮成茶飲也很理想，但嘴巴黏膩、火氣大的人就暫時先別飲用。

如果貧血嚴重的話，醫師通常會建議服用鐵劑，但鐵劑有不易消化的缺點。也可多吃些動物類食物，如豬血糕、鴨血、動物肝臟、牛肉、羊肉、蛤蜊、牡蠣，獲取吸收利用率較高的血基質鐵。

重點3：均衡飲食可獲取鋅

鋅是人體六大酶類的組成成分，對全身有廣泛的作用。當有缺乏時會有食欲減退、生長遲緩的表現，與中醫「腎虛」影響生育、生長的原理相似。但其實鋅的來源非常多元，散布在動物性及植物性食物當中，特別很多人都會聯想到蚵。**每公斤的蚵含鋅量約為1000毫克**（人體每日所需約15毫克）；其它如**肉類、肝臟或蛋類，含量也有20～50毫克**；植物性的大白菜、黃豆、糙米、扁豆、馬鈴薯以及南瓜當中也都可攝取到鋅。

重點4：DHA的攝取

是人體非常重要的不飽和脂肪酸，屬於omega-3家族中重要的成員。它是神經細胞成長及維持的一種主要元素，也是大腦和視網膜的構成成分，對寶寶的智力和視力發育非常重要。如今更有看法指出，胎兒在子宮內DHA攝

取不足將導致成年後的血壓問題。

DHA主要來源為深海魚類，處在溫度越低者含量越高，如**鯖魚、沙丁魚、鮭魚、緋魚，尤以魚眼睛含量最盛**。但為避免海洋污染疑慮，建議每週食用兩次即可。

淡水魚如鱸魚及鯰魚，以及少數貝類中也含有DHA。或者可食用含有ALA的食物，如紅花油、葵花油、大豆油、芝麻油、花生油、茶油，堅果類的葵瓜子、核桃、松子、杏仁、桃仁等等。

重點5：多吃高纖維的蔬菜

妊娠晚期，消化道受到胎兒的擠壓，會使腸道蠕動及消化器官功能變得緩慢，因此容易產生便秘，緊接著還會有口臭、冒痘痘、睡眠不好……等困擾。最好的辦法就是**多吃高纖食物，藉以促進腸道蠕動、軟化宿便；同時還能降低血中膽固醇及體內毒素**，對預防斑點、痘瘡的形成皆有助益。

高纖維的蔬菜有地瓜、海藻、玉米、燕麥、扁豆、韭菜、茼蒿、芹菜、蘑菇、豆芽、糙米、植物種子；水果類可多吃草莓、水梨、梅子、無花果、哈密瓜……等。

重點6：維生素B很重要

此一時期的孕婦，容易發生腳水腫或長出妊娠斑，富含維生素B1的食物能防治腳水腫及皮膚氧化現象，還可促進蠕動、增加食欲。食物中以糙米最為著名，牛奶及部份蔬菜中也有。

這個階段，孕婦不該吃的食物有哪些？

NG1食物 太多甜食

甜食容易導致肥胖，還會增加罹患三高或妊娠毒血症的機率。

NG2食物 太鹹的食物

太鹹的食物會影響身體對鈣的吸收，過多的鈉也會造成體內水分儲留而有手腳水腫的問題。

NG3食物 吃熱性的香料

如茴香、胡椒、花椒、肉桂、桂皮、五香、辣椒及酒，這些熱性的香料會刺激腸道、消耗水分，使胃腸分泌減少，導致腸道乾燥、形成便秘。

當孕婦排便過於用力，腹壓一增加還會引發胎動不安、羊水早破甚至是流產等等危險。

這個時期的生活注意事項

- 若感覺容易患有口腔炎及齲齒，代表維生素及鈣有攝取不足的情形，必需趕快調整飲食。
- 臨近生產前宜將頭髮剪短；如果要燙髮的話應在肚子還不很大時完成；此階段不可染髮，以免染髮劑毒素危害到寶寶健康。
- 內衣褲必須隨著體型需求購買較大尺寸的，以免產生束縛感；懷孕後乳房發育很快，因而容易下垂，每日應做乳房護理。內衣要經常更換、穿著適合大小者。

乳房護理這樣做

懷孕5～6個月後偶會有水狀稀薄乳汁流出是正常的，每日在洗澡時用毛巾捲在手上將乳頭周圍洗乾淨，略微擦拭，再抹上潤膚乳液，輕輕將乳頭往外拉出、以乳頭為中心做環狀按摩。在孕期滿6個月之後，持之以恆的進行乳房按摩，既可防止乳房鬆弛下垂，將來想親自哺乳的媽媽也能避免被小寶寶一吸吮就破皮的情況了。

太鹹、太甜的食物這時要避免！！

☺ 有這些症狀時，要特別注意！

症狀1：抽筋

懷孕約7個月後的末期，小腿容易出現抽筋現象，
有時也會發生在大腿或腳趾頭部位。這是因為孕婦
走路次數增加或有久站、小腿受冷風吹襲，使得
小腿肌肉活動變多，而媽媽們體內的鈣質不
敷使用引起。

用食物來調理

這時應多注意補充鈣質。從牛奶、
蝦、肉類、蛤蜊及銀耳、豆漿、豆腐、
核桃、海帶中，均可獲取較豐富的鈣
質，即可避免抽筋帶來的不適。

症狀2：心悸

近年來，由於女性結婚、生育的年齡有越來越晚的趨勢，一些年齡較大的懷孕媽媽易產生呼吸不順、氣不足的症狀，例如心悸、氣喘不過來等等。因為人在過了25歲之後，心臟血管便會開始老化。臨床上就經常發現超過35歲的孕婦常有「心臟好像快負荷不了」、「呼吸很不順暢」的困擾。

另外，患有心臟毛病的婦女在懷孕後，隨著胎兒在母體中漸漸長大，為了供應營養，自然也會增加心臟的負荷。

用食物來調理

可以人參鬚或西洋參泡茶飲用達到調補的功效；喝參茶會口乾舌燥、火氣大的人到了夏天，不妨改以參鬚或西洋參各半（共6錢），再加3錢麥門冬，也可再加1.5錢黃芩、少許紅棗及甘草，泡茶飲用，對補心、益氣有效果。

症狀3：暈眩

　　妊娠暈眩大部分發生在中、晚期。在清代醫書中記載為「子暈」，被認為是孕婦原來的體質較虛，陰血不足，而懷孕後精血聚以養胎、本身就更虛弱，以致無法養肝、腦中缺氧而導致暈眩。

　　此外，媽媽原本腸胃功能不佳的，因吸收不良、營養的運化輸送不好，也會造成陰血、精血不足的現象了。如果發生暈眩症狀者，應告知醫師施以診治，以免病情更加嚴重。

症狀4：妊娠毒血症

　　在中醫裡被稱為「子癇」，約發生在妊娠後期、正在生產時或剛生產後的10天內。通常會有的症狀包括：突然發生暈眩、不省人事、手腳抽搐、全身僵直後仰……，有的人一會兒就能醒來，有的則會昏迷。由於每一次的抽搐都會影響到胎兒血流的供應，所以此症有危及母親、胎兒生命的可能性。

　　它大多出現在孕婦體質為肝腎陰虛者，往往是在暈眩沒有得到良好治療、逐漸造成的。因此**產前尿液的檢查特別重要，尿液中的尿蛋白、紅血球、白血球含量都要注意**，血壓的高低、是否有水腫等等，都是妊娠毒血症的前兆。尤其是當有眩暈症狀發生，就應立刻治療，以免演變成子癇。

用食物來調理

木耳燉棗

材 料

黑木耳15公克，去核紅棗15顆，紅糖適量。

做 法

黑木耳加水泡發，挑除雜質及蒂頭、洗淨，與紅棗放入砂鍋加水適量燉煮30分鐘，最後加紅糖調味即可。

★想換換口味的，亦可加入肉絲或雞肉同煮，加鹽調味並略勾芡煮成鹹湯。

★具有補血、活血功效，女性體質較弱或有貧血者早晨空腹食用，堅持一段時間可見良好效果。

症狀5：小便不通

當懷孕至7～8個月時，若是飲食正常卻小便不通，即腹脹想解尿、但解後卻尿量極少，且坐臥不得安寧時，就要特別注意了。

會發生這種情形，乃是因為逐月成長的胎兒壓迫到媽媽膀胱的關係，有的孕婦是表現在頻尿上，有人卻是小便不通。後者原因有二：一是氣虛不足、不能舉胎，以致胎氣下墜壓迫膀胱；另一種則是腎氣不足，懷孕使腎氣越虛，因此小便量少也不易排出。

有這種症狀時，必須找中醫師辯證治療，不可隨意食用幫助利尿的藥物或食物，以免雪上加霜。

孕媽咪最想知道的飲食＆症狀

Q&A

Q1 什麼是安胎飲？

A 安胎飲原名叫做保產無憂方，出自清朝醫書『驗方新編』，因為是由十三味藥材組成，所以又稱十三味或十三太保產無憂方。專治一切孕期症狀，**懷胎者可安胎，對臨產的人有催生作用**，其餘如胎動不安、腰痠腹痛皆有療效。近年來，臨床醫師用於胎位不正也有出乎意料的效果。

Q2 每個孕婦都該喝安胎飲嗎？

A 安胎飲是以補氣、行氣來調整胎氣，達到安胎或分娩的目的，藥量雖輕，但並不適用即將流產的「見紅」；尤其胎氣太弱或月份還小的往往有反效果。**此方的正確服法，應從妊娠滿7個月開始至生產前每月服用**，讓媽媽在分娩時較順利、避免難產。

不過，介紹這帖藥的吃法是要讓大家對安胎飲有正確認識，避免以訛傳訛；並不是讓準媽媽們在懷孕自行服用，特別是在母親及胎兒狀況良好的情形下，更不需多此一舉，亂吃反受其害！有任何症狀及不適都應請醫師診斷，像是「見紅」將流產的現象，絕非喝這十三味安胎飲就能解決的。

Q3 妊娠水腫跟褐斑該怎麼改善？

A 妊娠後期的孕媽咪最容易出現浮腫和越來越明顯的褐斑，這時候不妨試試古人所傳下的一帖名方－扁鵲三豆飲，對解毒、去斑，以及改善手腳、臉部的浮腫均有幫助。

美容消腫－扁鵲三豆飲

紅豆、黑豆、綠豆各一大匙，加500c.c.水煮滾即可（豆類不吃）；亦可將三種豆類以滾燙開水先燙過一次，再加500c.c.水浸泡數分鐘後飲用。注意不宜久浸，若用煮的也不要煮到豆殼裂開，否則裡面的澱粉質釋放出來後，吃了反而易胖。

這味茶飲**不僅適合懷孕後期喝，**

在妊娠期當中的任何時間也都可服用，因它具有清熱解毒、補腎利尿的作用。

據研究，黃褐斑的形成與孕期飲食有密切關係，也就是缺乏谷胱甘肽的攝取。谷胱甘肽幾乎存在身體的每一個細胞中，它會加強人體免疫系統的活性，暢通淋巴細胞，具有清除自由基、維護身體環保的作用。若想抗斑，可多吃以下食物：

❶ **奇異果**：可對抗黑色素的生成，預防沉著、有助消斑。

❷ **番茄**：新鮮番茄中的維生素C，可抑制黑色素形成。

❸ **黃豆**：能破壞自由基，對抗皮膚老化現象。

❹ **珍珠粉**：主要含有碳酸鈣及氨基酸，可養顏、固胎。

 Q4 快要生產前，需要做哪些準備？

A 快生產時，首先精神別太緊張，只要在事前做好周全準備，就可以自然等待孩子的降生。

陣痛通常在半夜發生，所以懷孕7個月之後就應把住院衣物準備好，包括小孩的衣服、孕婦穿的兩截式睡衣及出院服裝，比懷孕前略寬鬆、比生產前小一些的內褲，孕婦的梳洗用具等等，全部裝在一個旅行用小包裡預備妥當。如果等到產前才開始準備，很容易發生臨時找不到、帶不齊全的情形。

臨產前還要記得將大小便解乾淨，以免膀胱脹尿，在生產時憋得太緊、使胎兒的頭下不來。雖然生產前，醫師會進行灌腸，但如果本身大便較少的話，也會灌得比較乾淨。

用食物來調理

懷孕滿9個月之後，媽媽們就可以為哺乳做準備了！此時應多注意飲食，**不吃會抑制乳汁分泌的食物，例如韭菜、麥芽、人參、生蘿蔔……**等。在臨床上也發現一個現象，即一葷一素的飲食搭配，有特別好的催乳效果，像是絲瓜加鯽魚煨煮湯品，或是花生加豬蹄，青木瓜加排骨燉煮。

NG
食物

Q5 羊水、尿液怎麼判別？

	羊水	尿液
身體靜止時	停止流出	解尿時方出
陰道收縮時	無明顯改善	停止排出
顏色	透明，混見紅時呈粉紅色	淡黃色
味道	無	尿騷味

至於破水後的處理，可先使用產墊，不要洗澡並減少走動，帶著準備好的生產備品包，立刻前往醫院。

Q6 出現斑點、色素沉澱，該怎麼辦？

準媽媽們由於女性荷爾蒙及黃體素的增加，刺激了黑色素的分泌，因此在臉上、頸部、乳暈、乳頭、腋下、股溝、大腿，以及產後鬆弛的肚皮、腹部正中處由恥骨至肚臍上會留下一條黑色紋路。

用食物來調理

在臨床上看到，經常服用珍珠粉的人皮膚散發光澤；而歷代有名的女性如慈禧、武則天或是宮廷妃子，也以珍珠粉來保養。

這是因為珍珠粉所含的甘胺酸及甲硫胺酸有助全面改善膚質，具有祛斑除痘、美容、延遲衰老、改善內分泌等等作用。孕婦可向有信譽的商家購買，品質較有保障。

使用的方式有兩種：

❶ 內服：妊娠6～7個月開始可每天服用0.6公克，若為補鈣所需則每天可增至3公克。要小心的是，若有前置胎盤，或子宮常有收縮現象恐有早產者皆不宜。

❷ 外敷：於清潔洗臉後，將0.3公克珍珠粉加入化妝水中溶解，均勻輕拍臉部肌膚即可。

臨產徵兆有哪些？媽媽們該怎麼判別？

在即將生產的數天前，腹中的胎兒會顯得較安靜，有點捨不得離開母體的樣子，因此媽媽們會覺得小腹痠脹、肚子特別硬。

接近臨盆時，則有以下三大徵兆預告小寶寶即將誕生：

❶ 陣痛：

因子宮收縮，及胎頭壓迫子宮口、刺激子宮的緣故，腹部會有一陣陣的宮縮疼痛，有些人則是腰痠。陣痛的特色是時間非常規律，由半小時一次再變成十五分鐘一次，間隔時間會縮短，陣痛時間越來越長、程度由弱漸強。也有人從腰腹間的痠痛慢慢變成渾身痠痛、足跟痠痛等等。

❷ 見紅：

可能發生在初產的臨產前數日或當天。因為胎頭下擠摩擦使得子宮頸內壁破裂出血，於是流出略帶黏稠狀的血水。顏色一開始為暗紅，然後再變成茶褐色、黑紅色，至臨產前才會轉為紅色血狀並伴有羊水流出。

❸ 破水：

同樣是因為胎頭下降，擠壓前面的羊水及羊膜，使羊水無法上行，羊膜壓力大而造成破裂，使羊水從陰道流出。

羊水的顏色是透明的，在生產前經常混著見紅，所以有時也會呈現粉紅色。但如果看到綠色則是危險訊號，這表示它混著胎便，說明胎兒可能有窒息現象。

若破水在陣痛前或無任何徵兆前發生，稱為「早期破水」。早期破水要預防臍帶脫出、感染，或有胎盤剝離、早產……等危險，必須盡快與醫師商討。

另有一種「高位破水」，部份原因是近年來生育年齡延後，施行羊膜穿刺的機率相對增加的緣故。這是子宮近底部的地方破開，因只有少量羊水流出，所以往往也被誤會成是尿液。若非偶發一次的情形時，可至醫院以試紙做檢測確認。

PART 2

產後關鍵100天，
決定媽媽一生的健康

經過10月懷胎後，終於誕下寶寶的喜悅，隨之而來的便是手忙腳亂、寶寶的照護；同時，也是媽咪坐月子修補身體的黃金階段。

為了自己，也為了小寶貝將來的幸福，媽媽們可別忽略了產後的護理，這42天的產褥期，可是關係著女性下半輩子的健康喔！

調養秘笈

生完寶寶，媽咪必學的坐月子

常聽身邊的友人說，她就是因為坐月子做的好，做完之後不但身體較產前健康許多，身材也瘦了一圈；當然也曾聽過有人抱怨坐月子沒做好，家人疏於照護，導致她之後腰盤常常酸痛，既無法久站也無法坐太久，到處關節痠痛甚至身體比生產前虛弱許多，由此可知，坐月子的必要和重要性。

😊 分娩對女性的身心是一個重要的轉折期

在分娩過程中，體內氣血兩失，免疫功能下降，身體與產道都容易受到感染。因此才會有「生得過麻油香，生不過四塊板」的俗諺。

中醫學上對於婦女產後調理尤其重視，這是因為產婦分娩時的產傷出血，分娩時又必須用力娩出胎兒、身體大量出汗，導致陰血驟虛、元氣耗損、百脈空虛，故就中醫理論上是有「產後容易多虛多瘀」、「產後百節空虛」的說法。中醫主張「風為百病之長」，意思即是說很多毛病，都會因為這些原因而頻頻滋生出來，**若無法在第一時間處理得當，婦女很容易就會因此留下許多後遺症，比如體質會變得容易感冒、感染**，並常會發生莫名的頭痛、筋骨痠痛、易疲倦等等現象。

不僅如此，從妊娠期開始，產婦在內分泌及各部位組織都會為了迎接新生命到來而有極大的改變。這些變化都要在產後6～8週漸漸恢復到原來的樣子，充分的休息調養自然不可少！

坐月子的必要性

常會碰到許多產婦跟我抱怨：「我跟婆婆說我要訂月子餐，她卻叫我省點錢，說要幫我送三餐……！」還有人哭訴：「我媽媽每天拿一些沒味道卻又油膩膩的食物叫我吃，吃到都快吐了，卻又不能叫她不要做！」其實這種對於坐月子時該怎麼吃的困擾，在坐月子期間絕對是天天上演，說起來我碰到的案例，也是不勝枚舉啊！但也由此可知，「坐月子」的立意其實是很好的，不僅能在產後保護產婦的健康，也可預防婦女產後易發的疾病。

隨著時代的變遷，我們的生活方式及環境都有了很大的變化。傳統坐月子方法的許多飲食及日常生活禁忌，以現在的社會背景來看，都有調整的必要。如果非得要遵守古法不可，婆婆媽媽們與產婦間的新舊觀念矛盾與衝突，就會不斷上演了。

因此，聰明的媽咪們應該要先了解坐月子的精神，再選擇符合自己的月子規劃，充分發揮我們中國人坐月子的儀式優點；把那些不符合現實狀況的規範一一剔除。更重要的是，要與幫忙自己坐月子的長輩有良好的溝通、取得認同，才能避免造成家庭衝突；更不用像小媳婦般的照單全收，影響心情。

一段完美的月子生活，不在於是否住進了五星級的豪華月子中心，也不是一定要服用高級的藥膳補品。而**是透過合理的方式來調養產婦的身體，達到恢復身心平衡的狀態**，同時家庭也能和諧地進行重整。

當產婦可以快快樂樂坐月子，家人也能夠輕鬆協助完成時，那麼這段不算長的日子，必定可以成為您一家人的美好回憶。

☺ 坐好月子，可以徹底 去除身體原有的壞毛病

反觀西方人似乎沒有坐月子這件事，其實是因為他們平日飲食多為高蛋白、高脂肪的肉類，吃的多、運動也多，所以生產過程對西方女性造成的傷害相對較小。但步入中年後，婦科疾病、風濕、腰酸背痛、視力減退、關節疼痛……等症狀，比起有坐月子習慣的東方人來說，患病機率相對會增加；尤其在罹患乳癌的比例上面也很明顯。

經由科學統計，月子生活的種種注意事項確實是有其意義的。**月子中調養得宜，可徹底去除身體原有的壞毛病**，使身體更加健康，媽媽們也會顯得更有魅力！但錯誤的坐月子方式，則會加速身體老化，使身材走樣、骨質流失，消耗體力，甚至更年期會提早來臨。

另外，藉著坐月子的期間，正是媽媽與寶寶可以建立緊密關係的重要時刻。因此，產婦若能在這個階段受到良好的照護，多愛自己一點，擁有平靜、愉快的心情，初生兒也能感受到，進而培養出健康的性格。

媽咪必讀的「坐月子」的調理原則

其實生產後當胎盤排出子宮外時，子宮會立刻收縮，子宮底的高度也會隨著產後的天數而有改變。生產後，子宮底高度降於臍平或臍下1指，產後第2天會稍高於臍，以後每日下降約1指的寬度，大概過了約2週之後子宮即下降至骨盆腔，從腹部無法摸到；待6周後，子宮即可恢復至懷孕前之大小。

所以，產後子宮底的位置應在腹部正中，但因為懷孕時乙狀結腸將子宮底推到右邊，因此子宮底有時會偏右，子宮在產後可藉由子宮收縮自行清除沾黏於子宮壁上的物質，經由陰道流出類似經期的血，和經血量差不多，有時量稍微多一點，這就是大家統稱的「惡露」。

「惡露」剛開始2～3天，量多且色偏紅，漸漸的顏色會變成淡紅色，量也逐漸變少，待產後第10天左右則大多會變成黃色或白色。在正常情況下，產後4～6週時，大多數產婦皆應該已經排除乾淨了。

《女科經綸》裡有提到，「產後氣血暴虛，理當大補，但惡露未盡，用補恐滯血，惟＜生化湯＞行中有補，能生又能化，真萬全之劑也。」 因此，**生化湯就常用於治療產後惡瘀血內阻，加上其具有活血化瘀，促進乳汁分泌，讓子宮功能迅速恢復**，並減少產後腹痛、預防產褥感染的作用，所以，也就成為產後的必服方劑。

基本上，生產完的體質原則上是處於「血虛」和「白瘀」狀態，因此若身體有任何病痛或疾病，中醫首先會以「固氣血」為主。當然，還是得看「惡露」有無，還有產婦生產時是自然產或是剖腹產？才能適當的給予處置。

「坐月子」調理4步驟

　　產婦經過十月懷胎，產後的身體氣血空虛、抵抗力也較弱，自然很容易抵擋不住病菌的侵襲，引起感冒、腸胃不舒服的症狀也就隨之增加。因此針對這些產婦分娩後容易罹患的小毛病，我認為還是必須制定飲食、生活起居的規範，例如：不要吹風，不要吃生冷的食物……等等。而這些在可行度與醫學理論上，更是歷經千百年的智慧結晶。

　　一般說來，產後調理分為 4 個時期：

1 第1階段：**促進子宮收縮**：清除惡露，藉以促進乳汁分泌。

2 第2階段：**養血、化瘀血**：並兼補氣，加強子宮內膜修復。

3 第3階段：**補氣、健脾去濕**，調理腸胃，促進吸收以後恢復體力。

4 第4階段：**補氣、養血、益腎**：加強骨盆腔恢復，使子宮卵巢機能正常，預防產後腰痠背痛及掉髮。

　　其實許多產婦對於「坐月子」都是一知半解，以致「坐月子」服用太多的生化湯，造成惡露時間延長；或是只吃十全大補湯，造成口乾舌燥、牙齦浮腫、便秘、睡眠多夢、盜汗等上火症狀，這些都是用錯方法所致。

　　就我的經驗來看，婦女產後調理必須得講究循序漸進，一個步驟調理完了，才可以進行下一個步驟；至於一般產婦常碰到像是長輩要求產婦不要喝水的問題，多數中醫師則不能認同，因為「水」是維持生命的重要元素，可以適量攝取，但記得要喝溫水。

到底月子該在哪邊坐？

　　我相信有許多產婦們，即便真的想找婆婆或媽媽來幫忙坐月子，但是家人也不一定真的有空幫忙；這時候就要靠自己或是尋求一些外來資源援助，例如坐月子中心、外送坐月子餐等。

　　現在的家庭多為雙薪家庭，產婦因為工作忙碌及產假限制的關係，坐月子的時間可能沒有那麼充裕，就連坐月子要吃的食物，也要花上一些時間和心力來準備！有的人在家讓婆婆幫忙坐的月子，但也是因為工作上的優勢，所以我自己針對體質與需要事先規劃菜單跟份量，再由婆婆幫忙採買與烹調……，其實這也是一個變通的方式，只要先跟家人協調好。

　　現在的大環境強調專人服務，所有跟坐月子有關的服務可說是細如牛毛，不管是煮吃的、帶寶寶、提供舒適環境的月子中心或者是幫忙照顧的月嫂、專催乳的按摩師……等，所有的事情都有人可以代勞，因此只要你的荷包允許，想怎麼「坐」您的月子，相信也不會有什麼困難的。

　　但是到底這些坐月子的方式有何不同？我在這邊就將坐月子的方式，大致上分為3種來做一個簡單的說明和比較，希望大家可以依照自己的需求、家庭和經濟狀況，三方面好好整合一番再去做一個最佳選擇。

　　目前坐月子的地點除了家裡之外，也有很多月子中心可供選擇，亦可請專人到府服務，各有利弊。

婆婆、媽媽來幫忙，在家裡坐月子

　　一般人可能會考慮由婆婆或娘家媽媽幫忙，因此又可分成在娘家進行或自己在家休養。在婆婆媽媽幫忙坐月子的情況下，因長輩年紀較大，無法負荷夜間照護新生兒的工作，晚上可能就要由產婦自己來照顧寶貝了。因此媽媽在夜晚的睡眠品質會比較不好，因應的辦法就是商請長輩們在白天看顧孩子，產婦可趁時間多補眠。

　　另外，因為是自己的親人幫忙，料理大多以長輩想法為主，飲食上的變化較少，有時媳婦又不好意思向婆婆提出要求，這時不妨考慮訂購每天送到府的月子餐。

優點 1 在自己家裡坐月子，生活的環境較熟悉。

優點 2 比較能依照自己的口味和喜好選擇飲食。

優點 3 預算會少一些。

缺點 1 和婆婆或媽媽的觀念不盡相同，難免會有些磨擦。

缺點 2 因為和婆婆或媽媽同住，生活上多少會有一些顧忌，無法放寬心好好休養。

缺點 3 需顧慮長輩的體力，產婦或許也要幫忙照顧寶寶。

由專人到府提供專業服務

　　俗稱的「月嫂」也是產婦的另一選擇，可協助幫寶寶洗澡、餵奶，以及料理三餐。好處是可以向對方要求自己想要的坐月子服務，例如晚上可讓月嫂與小嬰兒同睡一間，媽媽便能充分休息；而且媽媽跟寶寶都可以在自己熟悉的環境中獲得專業的照護。在人選上，應選擇具備保母執照者比較理想。

優點 1 家中的生活環境均較為熟悉。

優點 2 不用煩惱每天要吃些什麼才行，省下烹煮食物的時間和心力。

缺點 沒有辦法完全排除外人的干擾，產婦的心情難免會比較緊張。

到月子中心，專人服務、一切OK

月子中心一般分成醫院附設及私人開設兩種，讓產後媽媽都能享有套房式的空間及餐點，還有專人可照顧寶寶；醫院的月子中心也能方便提供醫療服務。需要考慮的就是費用偏高，必須斟酌經濟能力來選擇，居住的天數可彈性調整，不一定要住滿一整個月。

前提當然必須是經過政府立案的合法月子中心，對訪客有基本的管理；至於在篩選上，月子中心首先應選擇離住家距離較近的，如此可方便家人探視。護理工作人員與床數比例恰當者；最好有醫師駐診，定時關懷、檢查媽媽及寶寶身體狀況的較理想；環境上以明亮通風為主，像是床、櫥櫃、冰箱、燈光等等設備及衛生清潔合乎需求，都應列入選項當中。

優點1 可完全放鬆心情、全心休養。

優點2 孩子由坐月子中心派專人照顧，產婦可放心調養身體。

優點3 媽媽跟寶寶均交由坐月子中心負責，家人既安心，生活作息也可一切如常。

缺點1 預算花費較高，需視經濟狀況而定。

缺點2 通常都有門禁時間，親屬探訪比較麻煩！

缺點3 有些坐月子中心會推銷配方奶，媽媽會覺得有些困擾。

坐月子中心該怎麼挑？

　　「如何挑選坐月子中心？」常常是媽咪們的煩惱，這裡提供一些選擇坐月子中心的注意要點，讓媽咪們能有一個依據，挑選起來就更容易！

注意事項	注意內容
執照	● 是否有營業執照？是否有向衛生局申請護理機構設置？
安全	● 是否通過消防安檢？
人員	● 看護嬰兒的人是否有專業護士執照？ ● 是否有中西醫師、小兒科醫師巡房？ ● 巡房多久一次？是哪家診所的醫師？
環境	● 奶瓶如何消毒及多久更新？ ● 多久打掃一次？被褥何時更換？ ● 是否舒服？ ● 有沒有提供用品：溢乳墊、母乳存袋、嬰兒產婦用品等等？ ● 有沒有停車場？是否計價？
飲食	● 期間的月子餐，是否須另外付費？ ● 餐點的內容、熱量和營養計算？ ● 是否有提供發奶的飲食？ ● 要另外吃補品，可否代為烹調？
費用	● 收費是否合理？
其它服務	● 有沒有提供施打疫苗的接送？ ● 提供去醫院的接送服務？ ● 是否有美容、美體、洗髮服務及洗衣服務？ ● 是否有提供附設課程，如產後運動、育嬰教學（洗澡、按摩……）？

關鍵調養術

產後媽咪的身體變化與

一般說來，現代婦女的體質比古人較為強健，婦女生產也應有足夠的休息與營養。加上平日飲食又多大魚大肉，營養與以往相較自不虞匱乏；偶一不慎，休息與營養是都夠了，但卻換來了一身肥肉……，我想，這就是現代婦女與古代婦女之間，對於『坐月子』一事最大的差別吧！

月子做得好壞與否，關係著媽咪未來的健康

懷胎十月，需要大量的血液與養分來孕育胎兒；到了生產時分，產婦又須轉化所有「能量」——用力、流血、出汗，拼老命地將胎兒分娩出來。竭盡氣力之後，母體將有如被掏空一般地出現氣血、精力不足的現象；換個說法，等同於是整個人就像「虛脫」了一般。此時，病毒的侵犯、氣溫變化、營養不良、勞動過度……等，很容易引起人體病變，例如：風寒感冒、腰痠背痛、貧血……等。所以，**透過完善的照顧與飲食調配，讓產婦好好地休養生息、恢復元氣**，可說是再重要不過的了。甚至有許多婆婆媽媽們都認為，月子做得好壞與否，可說是產婦未來健康的指標。

順利產下健康寶寶之後，媽咪們首先要面臨的便是自身產後在生理上的許多變化，包括子宮的復舊與身體各部位的調養。由於大部分人在坐月子這段時間都已出院回家休養，在沒有醫師及護理人員的照護下，產婦一定要多觀察自己的狀況，透過良好的照護及保健，就能恢復以往的活力！

高齡產婦該注意哪些調養重點？

高齡產婦是指產婦生產時的年紀已經超過35歲以上，以生理上而言，25～35歲的婦女朋友最適合生產。但因環境變遷，高齡產婦愈來愈多，相對的在懷孕過程中可能會碰到的障礙也就比一般產婦來得高。

不過，以當今完整精密的產前檢查，以及新生兒科進步的醫療照顧來說，高齡產婦已能逐漸脫離高危險妊娠的範圍了！因此只要您不迷信偏方，找個有經驗的產科醫師，時時放鬆心情，減少壓力，相信一定能降低早產及其它併發症的發生率。

高齡產婦首要注重恢復問題

產婦因分娩使元氣大傷、陰血虧虛、百脈空虛，產後身體虛弱；故中國人在產後30天內都有「坐月內」的習慣，一方面補充產婦的元氣，也好趁此機會改善體質，尤其較晚生育的婦女，更應注意產後的調理才是。

而說到高齡產婦的調理，還其實真有其必要：第一是恢復問題，年紀大的產婦在生產過後，身體機能恢復較年輕的產婦慢；其次，由於生產時婦女易大量流失體內的鈣質，故才會有「生一個小孩掉一顆牙」的說法，而年齡較大的產婦，鈣質流失也較一般年輕產婦來得多，因此，**比較常見的是將調理分為「一般性體質調理」及「產後併發症調理」2大類**。

❶ 一般性體質調理

是指因生產時精血耗盡，身體百節空虛，任沖帶脈虛損，造成抵抗力不足⋯⋯等，只要有充分的休息及攝取充足的營養，即可恢復體力。

❷ 產後併發症調理

是指產後所造成的一些病理反應，如水腫、便秘等，則是需要透過專業的中醫處方改善，才能日漸有功的。

3種一般性的體質調理法

　　產後傳統醫學認為「虛」和「瘀」是產後病的特點，基本上產後可能發生的一些疾病如血虛、氣虛、身痛、腹痛、便秘、乳脹、頭痛、腰痛等，中醫皆有相當不錯的處置方法。而除了在前1～2週之內，服用＜生化湯＞幫助排除「惡露」外；之後可依個人之體質差異，作選擇性的中藥調補至「坐月子」結束為止。而至於體質上的差異，大致可分為以下幾種：

❶ 氣血虛弱者

　　冬天容易手腳冰冷、發麻，這是由於氣血的新陳代謝率較低的緣故，所以很容易造成的末梢血液循環不良，並且伴隨著頭暈目眩、神疲乏力、面色淡白、食量少……等症狀，可用**十全大補湯或四君子湯改善症狀**。

　　若伴有口乾舌燥、晚上臉頰發紅、發熱等陰虛症狀者，可以四物湯加枸杞燉雞亦可。

❷ 久坐不動者

　　此類多半以文書工作的孕婦為主，因為坐在辦公桌前的時間較長，容易導致腰酸背痛，**可用黃耆四物湯調理**。若因工作性質是以用腦為主，如電腦工程師，則可用黃耆四物湯加天麻治療。此外痠痛，乃生產時風冷乘之，瘀血滯於肝經，宜用佛手散和防風、羌活、續斷、淮牛膝、肉桂、桑寄生……等藥材詳加調理。

❸ 產後乳汁不通者

　　若生產時失血過多，血虛無法生乳或乳量少且泌乳有困難，**建議可以八珍湯、十全大補湯加王不留行、木通、豬蹄……等煎服**。此外若因瘀血滯留體內導致乳腺阻塞，無法順利排出乳汁，進而導致乳房脹痛者，可用吸乳器強力吸出乳汁，至於藥膳處方則以豬蹄湯煎服為主。

「產後的子宮」約5～6週才能慢慢回復

　　『坐月子』不僅可預防疾病的發生，還兼具治療痼疾的功效。一般人的觀念是認為『坐月子』只有1個月，但其實這不見得是一體適用！畢竟每個人的體質好壞差很多，懷孕過程也不盡相同，那麼『坐月子』的時間到底多久才恰當？是做的愈久愈好嗎……？其實以上的問題從醫學的角度來評斷，一般婦女經過十月懷胎及生產時的劇痛與出血、體力耗損，原則上**子宮與身體其它器官均需要時間來恢復正常功能，平均下來大約是5～6週**！身體在經過「血不足，氣亦虛」的狀態後，每個產婦都應把握此段調理的良好契機，這段時間的調養正確與否，關係到未來日子的身體健康。

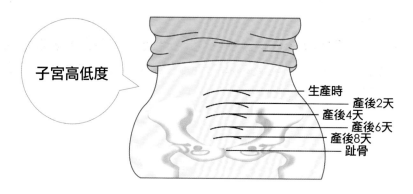

讓子宮充分復舊

　　妊娠期間，因體內荷爾蒙分泌的緣故，子宮會隨胎兒的成長而持續變大。等到分娩後，胎盤被排出子宮外，子宮便會收縮變小，子宮底（子宮最上方）的高度也會隨著慢慢改變。

　　大致來說，子宮仍需要大約5～6週的時間，才能完全收縮恢復到懷孕前的大小與重量，這收縮直至復原至正常大小的過程即稱為「復舊」。至於子宮底高度，通常在分娩後子宮會收縮到臍下約4～5公分，但24小時過後又會發展到臍上，再逐漸縮小；子宮肌肉也由妊娠時柔軟的狀態慢慢變得堅硬。往後子宮每天下降約一指寬，大約2個禮拜後，子宮便會下降至骨盆腔，這時候從腹部應當是無法觸摸到子宮了。

當子宮藉由收縮來變小時,產婦們會感到一陣陣疼痛,尤其在餵奶時更加明顯,而收縮時所排出的血即稱之為「惡露」。

子宮復原情況好不好?要怎麼判斷?

通常藉由觸診就能觀察到子宮收縮的情況,例如現在位置是在臍上呢?還是已經回到了骨盆腔?

生產完14天後子宮應縮回到骨盆腔的位置;原來子宮內膜傷口很大,但因為子宮收縮,傷口也會跟著縮小;傷口一般需要7天以上來修復。此外,子宮的修復狀況也可以由觀看惡露得知。

產後惡露不淨是子宮修復不全最明顯的表現,也是有無異狀的觀察重點,如血量過大,或是惡露停止後又有出血現象,氣味不佳兼有發燒症狀,常是胎盤未完全剝離或子宮陰道受了感染。

怎麼做,才能讓子宮復舊?

坐月子基本上就是一個復舊的過程,首先是子宮要縮回到產前的狀況。因此在產後生理狀況允許下就應提早下床活動,**坐月子期間不要長時間臥床,才能盡早恢復生理正常機能**,且有助惡露排出、子宮復原。

亦可輕柔按摩子宮幫助收縮,透過按摩還可以自我檢視:若子宮仍有感覺較大且質地軟,有壓痛感,則是子宮復舊不全的症狀之一,需盡快請醫師診治。

剖腹產的注意事項

剖腹產的第一週，最好不要做舉物動作，包括將小寶貝從床上抱起（應由他人抱起再交給產婦）；也不要有彎腰動作，必須降低高度時可用曲膝方式。

剖腹傷口在幾週內會有輕微疼痛或偶爾抽痛，這是正常的，通常只要按照醫師護士的傷口處理指導，便會日益改善。若覺得疼痛難忍，需注意傷口周圍是否有紅腫現象，或傷口有沒有異常分泌物滲出，此時必須洽詢醫師。其他應注意的事項：

❶ 月子期間盡量穿著寬鬆衣服，以避免摩擦到傷口。

❷ 由於傷口疼痛，導致很多剖腹產媽媽腹部不敢用力，所以大小便不能及時排泄造成尿滯留及便秘。因此術後應按平時習慣解便，只要小心不要過於用力即可。

❸ 臥姿時平躺傷口容易疼痛，宜採側臥。

❹ 一旦傷口不痛了，便可開始運動。由於會陰處未作切開，可不用做骨盤收縮運動。但應多做收縮腹肌動作並持之以恆，那麼數月後便可回復以往身材。

❺ 約8週後可恢復性生活；但一年內應注意做好避孕。

剖腹產後第二天會覺得腹部脹氣疼痛，是由於麻醉後小腸蠕動緩慢，導致腸道內氣體積聚。最有幫助的辦法便是下床走動，但因長時間的臥床、麻醉、失血會讓產婦起床時感到頭暈、手腳不靈活，所以最好是有家人或護士在旁時協助起身稍坐，並略微活動雙腿，例如將雙腳放到床邊轉動腳踝後再走動。提早下床活動可幫助腸蠕動、減少脹氣，胃口也會改善，並能減少血栓形成。

惡露要到什麼時候才會排乾淨？

在產後碰到的第一個生理現象，通常是惡露的排出。藉由惡露的變化，可以了解媽媽身體的恢復狀況，特別是子宮的復原。但基本上來說，只要注意傷口處的清潔及乾燥，大多數人並不會出現異常，都能得到良好的恢復。

什麼是「惡露」？

孕婦生產時胎盤會剝落，在剝落處於修護過程中所分泌的東西就是惡露，其量就像較多的月經，**產後第一天的量約為月經量多時的3～5倍。它就像一個皮膚的傷口一樣，需要5～7天的修復才會結痂。**

若新產半月，惡露的色、量都不見改善，可觀察是否喝了太多生化湯。生化湯有助排淨惡露，但吃了過多生化湯，惡露可是很難停止的。如果是完全沒吃生化湯者，也會造成瘀血無法排出，導致子宮收縮不好。該服用幾帖、幾天，都必須依照中醫師建議。

「惡露」要多久才會排乾淨？

惡露的色澤一開始為紅色，會從鮮紅漸漸轉為淡紅色、紅棕，再變成淡黃色、白色液體，直至乾淨。全部排淨需要3～4星期，在7～14天時會突然出血較多，是因為子宮內膜傷口結痂部分脫落的緣故，是正常現象，不用過於擔心。

造成產後惡露不止的5大原因！

惡露多寡有時會受到胎兒大小，以及是否在懷孕前做過子宮刮搔術……等影響，惡露排除量少不算不正常，如果太多反而要注意，因為可能有子宮收縮不全、感染、胎盤滯留的問題；另外，若出現血塊多、有異味、發燒、腹痛、大量的出血等症狀時，或是產後10天後，發現惡露帶有血色或膿樣分泌物，都應立即回院求診。

此外，**若產婦過早吃麻油雞或吃太久生化湯，會導致惡露不易排乾淨**，甚至導致「延遲性產後出血」，如此容易使血塊堆積於子宮內，甚至會有子宮內膜炎與敗血症等可能。不過，有餵母乳則可促使子宮快速收縮，而讓惡露儘快排出。一般來說，造成惡露不止的原因主要如下：

❶ 子宮收縮不良、子宮內膜發炎。
❷ 胎盤、胎膜……等組織殘留在子宮內排不出來。
❸ 使用藥物，如血管擴張劑……等。
❹ 不當的食補，如服用過量的生化湯。
❺ 未能充分休息，過度疲勞等等。

血性惡露該怎麼分辨？

惡露色紅者，稱為「血性惡露」，通常出現3～4天而已，如果延長至10天以上則稱為「產後惡露不淨」。

一般而言，**自然產與剖腹產的產婦，約3～7天左右，血性惡露便能完全乾淨**。在西醫認為惡露不淨的原因有：剖腹產後子宮傷口裂開、子宮胎盤殘留、會陰傷口裂開或感染，以及子宮內胎盤殘留，腫瘤及產後性交過度等等。傳統醫學則認為是因為產婦氣虛或因瘀血內阻導致宮縮不良，或是因熱傷血而使血不止。惡露依產後的時間可分為：

❶ 血性惡露

含血量多，所以顏色呈紅色或暗紅色，故又名紅色惡露，約產後1～4天內排出的分泌物，大概與平時月經量一般，或稍多於月經量，有時還帶有血塊，有血腥味。

❷ 漿性惡露

呈淡紅色，其中含有少量血液、黏液和較多的陰道分泌物，約產後5～10天左右排出，這時由於細菌生長，味道會比較重，但也還屬正常的範圍。

❸ 白色惡露

約產後10天以後排出，呈白色或淡黃色的惡露，其中含有白血球、蛻膜細胞、表皮細胞和細菌等成份，形狀如白帶，但是較平時的白帶量略多些。

惡露是由於產後子宮內所殘留的血、白血球、黏液和組織等等混合而成的分泌物，經陰道脫落排出所致。一般來說，正常的惡露顏色從一開始的暗紅色到之後的淺紅色，之後再變成黃色，內容也會從一開始的黏稠狀到之後慢慢減少，通常會維持1星期左右。

如果發現惡露量多且呈水樣流出，多到大約1小時就必須更換產墊，且產墊全溼的情況，或忽然有大量或大塊血塊出現，就得立即送醫。惡露持續的時間，會依每個產婦體質而定，但得直到出現正常的白帶顏色為止才算排淨。

😊 什麼樣的惡露是危險訊號？

　　產後媽媽必須隨時觀察惡露排出的情形，如果有量過多且為鮮紅色、發出惡臭，或伴有較大血塊，甚至出現發燒、異常腹痛，或是時間過長、反覆不淨時，都不是正常現象，必須盡快就醫檢查。

😊 卵巢與內分泌

傷口照護原則

在排除惡露、等待傷口復元期間，保持會陰部的乾燥及預防傷口裂開非常重要，包括：

❶ 隨時更換看護墊或產婦專用的衛生棉。

❷ 上完廁所後以沖洗器沖洗會陰部並拭乾。

❸ 洗澡時盡量採溫水淋浴，以免盆浴時細菌會隨水進入子宮引起發炎。

❹ 排便時不可憋氣及用力，避免擴張會陰部、不利傷口癒合。

❺ 在會陰傷口拆線後的3天內，避免減少下蹲或需要出力的動作。

　　卵巢的恢復會因為是否有哺乳而有所差異。**在排卵功能上，沒有哺乳者約2個月可恢復；哺乳媽媽則需要6個月；**而月經狀況，沒有哺乳的產婦約於產後2～3個月便可來經，有餵母乳的女性則會較晚。

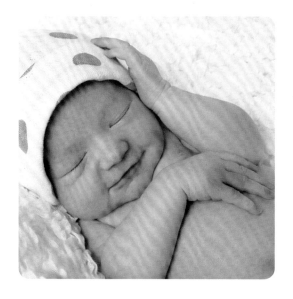

　　雌激素方面，未哺乳者可在2週左右恢復正常值；哺乳者因泌乳激素的影響、抑制卵巢功能，所以恢復得較晚。

　　懷孕時體積變大，與甲狀腺素及基礎代謝的增加有關。但在產後1個月甲狀腺素會下降、恢復正常。不過，在下降的過程中也容易有些微憂鬱情緒產生；當甲狀腺素分泌正常後，憂鬱狀態便能解除，這期間約需4～6個禮拜。

產後必學的乳房護理

餵也痛，不餵也痛！

通常在產後2～3日，乳房會感覺脹痛，這是因為乳腺管裡充滿了乳汁，此時若不將乳腺管疏通的話，將會影響乳汁分泌，也容易造成乳腺炎。特別是要哺乳的媽媽們，更要注意乳房部位的護理，適當的保養能讓乳汁供應更充足喔！

😊 基本的乳房護理該怎麼做？

產後所有器官大致都會回縮到以前大小，只有乳房會越變越大。想要親自哺乳的媽咪，應每天做乳房按摩，能防止乳汁瘀滯。乳房內有瘀積是乳腺炎的主因之一，因此乳房護理是產後重要的一門功課。

● 產後第一天，先用清潔劑及溫水洗淨雙手後，再用溫水將乳頭上的汙垢擦掉，並將乳房周圍擦洗乾淨。

● 接著用熱毛巾覆蓋乳房，再使用妊娠期時的乳房按摩手法施以按摩。

● 餵奶前應先稍微擠出乳汁，可促進乳腺分泌，還能夠吸引寶寶進食。

● 餵奶時，寶貝的小嘴應整個含至媽咪的乳暈處，如此才能有利於吸吮。

稍微擠出乳汁

 為什麼會得乳腺炎？該怎麼辦？

　　乳腺炎發病原因為乳汁瘀積，之所以會產生乳汁蓄積的因素可概括為肝經鬱滯加上胃熱、受到感染及哺乳、回乳不當引起，以下針對發生原因做說明。

受到感染

　　產前未做乳房按摩，產後沒有做好乳房護理，加上初產者乳頭嬌嫩，不堪寶寶的吸吮而形成破損或龜裂；或因乳頭內陷、乳頸粗短，新生寶貝吸吮上有困難因而咬破乳頭。當乳頭破皮裂傷導致媽媽畏懼授乳，或因事後乳頭結痂、阻塞乳頭孔竅，使得排乳不暢、乳汁瘀積造成。

哺乳、斷乳不當

　　有些產婦營養豐富、氣血旺盛，乳汁生化充足而量多，小兒吸吮不盡，餘乳未排淨，蓄積鬱結成塊；亦有乳汁充足的產婦們，突然斷奶，導致乳汁壅閉、乳房膨脹，且沒有及時回乳，乳汁積聚成塊、久積不散，鬱而化熱形成。

　　依照臨床經驗來看，**建議產婦感到乳房腫、熱、脹、疼痛有硬塊時，不要停止餵奶，反要勤勞親餵**，比起用自動哺乳機還容易清空乳房內的餘奶。

　　但當乳腺局部化膿時，就不可再讓孩子吸吮患病的乳房，並應盡速請醫師治療。在飲食上，不妨用點紫蘇泡茶，或煮食絲瓜、飲用絲瓜蒸煮後的湯汁，皆有助益。

肝鬱胃熱

　　乳房、乳頭為肝經和胃經通過之處，當初產時甲狀腺激素改變，易產生憂鬱，或因事憤怒鬱悶，則肝經氣滯不通，導致乳絡不暢、乳竅不通，使乳汁瘀積。加上產後飲食不節制，吃了過多燥熱補品或重口味、油膩食物，則胃熱熏蒸（不易消化的食物堆積在胃裡而產熱）。熱與積乳相結合、於乳房化腐成癰，一般好發於未滿月、乳腺通暢不良的初產婦女身上。

該怎麼預防乳腺炎？
新手媽咪看過來！

正處於月子期間哺乳的媽咪們，
要想輕鬆完成餵哺小寶貝的工
作，以下預防事項多加注意，便
可避免乳腺炎找上門！

POINT 1
**哺乳前後都要用
溫水洗淨乳房**

按照時間定期哺乳，
且不宜當風露胸餵
乳，若哺乳開始的
一週內有乳頭龜裂現
象，應及時治療。

POINT 2
每次哺乳後應將乳汁排空

如有宿乳瘀積，可在熱敷後用手
擠出，或以吸乳器吸淨；不可讓
寶寶含乳而睡，應注意新生兒的
口腔衛生。小寶寶若有便秘、口
臭現象，表示媽媽的飲食太補太
燥熱，應修正飲食內容。

POINT 3
**充足的睡眠與休息很重要，
尤其是晚上**

夜間至早上10點為泌乳素分
泌的高峰期，在這段時間內
有質量俱佳的休息，才能有
足夠的奶汁供應。

POINT4

**足夠的營養是
乳汁豐盛的重要條件**

但若飲食過於肥甘厚味，或是吃
得太過燥熱，將使胃火太盛，小
寶寶容易有皮膚過敏、起紅疹症
狀；媽咪們要多飲湯水，以免乳
汁過稠、難以吸出。

POINT6

保持心情舒暢，避免過度緊張

哺乳時可聽些輕鬆的音樂或收看
歡樂的兒童節目，不可當低頭
族、玩電腦遊戲，或收看緊張刺
激、有打殺畫面的電視節目。

POINT5

**斷乳前應逐漸減少哺乳次數，
不宜突然斷奶**

可內服自己的奶水一次，並連
續一週食用麥芽、山楂、橘
核、內金、韭菜等等食物幫助
回乳；若不脹就不須擠奶；有
發燒現象時應即刻就醫。

寶貝好像吃不飽， 媽咪該怎麼判斷自己的奶水是不是充足？

對正在哺乳的新手媽媽而言，最掛念的便是乳汁供應是否能讓小寶貝吃飽？的確，新生寶寶們能否健康成長，充足的奶水絕對是第一要件。要知道自己的奶水夠不夠，可從以下指標觀察。

指標1：小寶寶吃飽後的反應及排便

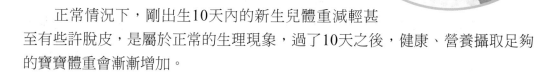

當小嬰兒吃飽時會主動將媽媽的乳頭吐出，並**安靜的睡3～4小時左右；每天應有2～3次排便並呈現稠粥狀**。假如孩子睡1小時便醒來哭鬧、吃奶後又入睡，如此反覆數次；且大便量少，更換尿片少於8次的話，就表示寶貝並沒有一次吃飽。

指標2：寶寶的體重變化

正常情況下，剛出生10天內的新生兒體重減輕甚至有些許脫皮，是屬於正常的生理現象，過了10天之後，健康、營養攝取足夠的寶寶體重會漸漸增加。

指標3：以哺乳時間來判斷

若哺**乳時間超過30分鐘**，小寶寶總是吃吃停停，感覺已經吃很久卻還不肯離開乳房，就有奶水不足的嫌疑。

指標4：視脹奶情況

在產後2週，乳房於餵奶前會有發脹感，代表母乳充足。

指標5：噴奶是氣虛而非乳汁充足的表現

網路上常看到很多媽媽說自己奶量充足到會噴出來，其實這是氣虛不攝的現象。因「奶為血所化」，而血的循行及運化需依賴氣的推動和轉化。如果媽媽過於勞累，氣不足則管控不佳，收攝無度，故攝無力，乳汁自溢反會傷害母體。所以如果媽媽本身體型偏瘦，又常感覺倦怠兼有噴乳現象，則應請教醫師服藥改善。

如何判斷寶寶奶汁吸乾淨了？

相關書籍及護理人員都會告訴媽媽們要讓孩子把奶水吃乾淨，乳量才會穩定的跟上需求，但到底要如何判定寶貝已經將乳房中的乳汁吸吮完了呢？

新手媽媽可先感覺乳房是否已無奶脹現象，當寶寶正好也停止吸奶動作時，**可先在被吸過的一邊，用手指在乳暈、乳頭處擠擠看，若只擠出一點奶水或擠不出來時，表示已經吸淨了**；如果手一擠，奶水還會跑出來，代表還沒吃淨，此時可先輕拍寶寶至打嗝後再繼續餵哺，待吸淨後再換另一邊。

新產2週內，媽媽的奶量較不穩定時，可能必須來回餵奶兩次，雖然麻煩了一點，但一來既可避免寶貝們長時間的吸吮使乳頭受損、破皮；也能盡快使奶量追上孩子們的需求。

哺乳媽咪的乳汁過少，該如何補強？

關於哺乳的方法，建議最好是由母親本身親餵，其次才是用牛乳餵養，比較不好的方式就是將母乳擠出用奶瓶餵奶，或用機器

擠奶，如此一來，母乳會越來越少，媽媽也會非常辛苦、花很多的時間和氣力在擠奶；如果產假結束後還是無法親自餵奶的，則建議改用牛奶哺育嬰兒。

基本上缺乳的病機是氣血虛弱、化源不足，常見乳房柔軟現象。多吃墨魚、花枝類等海產可以增加乳汁分泌，核桃也有同樣的功效。

至於有些婦女本來乳汁很充足的，但突然之間乳汁就沒有了，這種情況多半是情志因素造成，因為情緒不佳會造成氣滯，氣滯則乳汁不行，多見乳房脹硬。可以使用行氣通絡的食療，如橘絡、絲瓜絡……等。在飲食方面，豬蹄膀、木瓜也可以增加乳汁分泌；此外，不妨在中藥湯裡加一點黑糖，對促進乳汁泌出也很有效果。

😊 不哺乳的媽媽，該怎麼退奶呢？

部分媽媽因為疾病或工作不方便親餵而需回奶者，韭菜是可以多吃的食物，無論是韭菜打成汁或吃韭菜盒、韭菜水餃皆可，另有一些著名的食療方可採用：

炒麥芽飲

500c.c.水煮滾後，加入炒麥芽3兩泡煮3分鐘，即成茶飲；每天一劑、7天為一個療程。注意不可泡浸過久，以免釋出澱粉質反而易發胖。

山楂麥芽茶：

麥芽、山楂、神麴各1兩，放入保溫小盅內加水3碗，煲煮成1碗飲用；每日一帖。

黑麥汁

黑麥汁少量（一天一罐）有通乳之效，改善乳腺不暢；大量飲用則可幫助退乳。

日常生活的保健，則可從幾個方面著手：

- 將高麗菜葉一片片摘下，放入冰箱冷藏後再覆蓋於乳房上，等到溫度不夠冷時再換另一片。如此反覆冰敷，至乳房不再脹痛、不舒服為止。
- 穿緊身胸罩可抑制乳汁流動，達到自然退奶的目的；胸罩內應墊放防溢母乳墊棉用來吸收溢出的乳汁，並時時更換。
- 不可熱敷，可按摩乳房並頻繁擠奶。

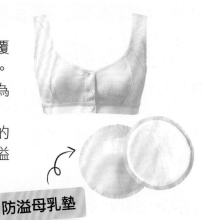

防溢母乳墊

😊 自然產的媽咪，關於泌尿道及產道的問題

　　自然產的媽咪，生產時由於受到胎頭擠壓，陰道周邊、尿道，甚至膀胱、肛門都會受到或多或少的損傷，而有尿失禁、便秘、頻尿、解尿困難等等後遺症。 為了防止傷害擴大，形成永久性的健康問題，在產後一定要積極恢復這些部位的功能。

排尿不順暢？跟著醫師這樣做

　　生產時胎兒經過產道壓迫膀胱、子宮……等組織，使該處肌膜受傷、彈性受損，加上水腫等等，都會使產婦在解小便時發生困難，或使尿道變得鬆弛、失去應有的功能。

　　為了避免這些現象，每個媽媽在產前就應開始進行提肛運動，有失禁症狀者產後也要繼續做。而且還應避免太早勞動，或做蹲下的動作。

　　產後7天左右，小便量會有增加情形，因此在產後2～4小時內就應起床小便（身旁最好有人協助）。感覺排尿有困難的人，可打開水龍頭聽聽流水的聲音或是用手摸摸溫水，幫助產生尿意。

這樣做運動，幫助會陰收縮

　　從產後第一天即可開始進行，除了能收縮會陰部肌肉之外，對促進血液循環、傷口癒合，恢復此部位功能及膀胱控制能力都有幫助；如果有痔瘡困擾的，也有助益。

　　躺著即可做，吸氣，縮緊陰道周圍及肛門口肌肉，並閉氣，持續2～3秒後，再慢慢放鬆、吐氣，一天可重覆數次。

為什麼陰道會鬆弛，該怎麼辦？

　　自然生產後的陰道，本身有一定程度的修復功能。一般在產後出現的擴張現象，約3個月後即可自行復原。如有恢復狀況不佳的，大致有以下幾種原因：

❶ 產程過長、引產造成陰道損傷。

❷ 多次分娩。

❸ 產後缺乏骨盆肌部位的運動。

❹ 產褥期（生產後42天內）間盲目的減肥，不注意營養。

❺ 過度勞累或太常蹲下，導致氣不足、臟氣下垂，骨盆肌群恢復不良。

　　有陰道鬆弛狀況者，可多做縮肛運動幫助改善，除非萬不得已才需要做陰道緊縮手術。至於市面上有些標榜具緊縮功能的藥膏，在臨床上缺乏足夠的實證數據，建議還是多做此部位的運動，才是根本之道。

坐月子的舊觀念新作法大解套！

坐月子的新舊觀念新作法

傳統禁忌	新法解套
不能洗澡	利用煮好的生薑水來擦澡、清潔皮膚，達到祛寒的作用，不過還是要注意擦澡過程中的保暖工作，並預防著涼，若身起紅疹，則改為淡鹽水。
不能洗頭	用酒精沾濕乾淨的紗布，套在梳子上來梳頭，這樣就可以同時達到清潔頭皮髒污，以及去除油膩感的效果。
不能吹風	生產完的身體處於非常虛弱的狀態，易受風寒影響引起感冒、關節痠痛等，因此坐月子期間儘量穿著薄長袖、長褲。並避免身體直接吹到電扇，開冷氣時不要將風口對著產婦，並將室溫設定在攝氏28℃左右是最適宜的。
整天躺著休息	只要不要太過勞累，產婦還是要適度的做些溫和的伸展運動，以助腹部器官與肌肉恢復原狀，同時也能促進胃腸蠕動，減少便秘發生。
不能喝湯、喝水	這是因為產婦身體代謝欠佳，體內容易積存水分，因此建議不要再過度喝水，以免水分越積越多，導致水腫。
不可吃涼或寒性的食物	因為產婦剛分娩，身體正虛弱，若吃過於寒涼的食物，易使身體更虛弱。因此，坐月子期間除了要注意營養均衡外，冰冷的食物還是少碰為妙。
不可提重物	其實主要是因為提重物容易造成子宮下垂，產婦還是儘量避免提重物，和嚴禁蹲下並建議減少腹部肌肉用力，以避免可能產生的危險。

是黃金鍛鍊期

打開的骨盤，該怎麼回復？產後3個月，

為了順利產出寶寶，產前骨盆變大是自然現象，產後在骨盆底也會產生鬆弛，如果不想變成大屁股，就要趕快針對骨盆部位做內部運動，讓骨盆回到正確位置與大小。

很多產後的媽媽們都擔心身體過於虛弱，所以不敢輕舉妄「動」；尤其是家中的婆婆媽媽們，更是極力要求產婦能坐就不要站，能躺就不要坐，只不過躺久了，反而會讓全身肌肉更加虛弱，恢復元氣的速度也會顯得更加緩慢！我在醫院就常看到產婦因為躺太久，反而讓全身更不舒服；所以我還是建議並且教導我的病人，產後運動不妨就從深呼吸開始練習，接著再慢慢地伸展，藉以恢復體力和體態。

 從做深呼吸開始

什麼時候開始？

- **時間：**
  產後第2天（剖婦產者，要等到傷口不痛時才能做！）
- **功用：**
  使用簡單的呼吸法，可以訓練和強化腹部肌肉。
- **步驟**
  ❶ 身體平躺床上，手腳張開，可在頭部墊一個枕頭。
  ❷ 將雙手放在胸前或是腹部，緩緩吸氣，將氣集中在胸部或腹部丹田處。
  ❸ 吸氣到無法再吸時，再慢慢將氣完全吐出來。
  ❹ 待氣完全吐盡、全身放鬆後，再重複上述10～15次即可。

吸　吐

一定要學會的3招骨盤復位法

　　不論妳是自然產或剖腹產，在生產後盡早（3個月內）開始骨盆運動，便能好好調整骨盆，恢復骨盆腔肌肉的彈性，以及韌帶的張力；幫助預防、改善輕微的尿失禁現象，也能讓陰道更加緊縮。進行縮肛緊實動作時，恢復原有的放鬆狀態時務必要慢慢地，如果用力縮又用力放，反而容易使器官下垂。

　　進行骨盆腔運動之前，我們要先找到骨盆底肌肉，如此才能有效訓練，怎麼確定骨盆底肌肉的位置呢？以下三個方法都可助妳找到：

● **方式**

❶ 正在解尿時，嘗試收縮小便處的肌肉，使排尿中斷。

❷ 有如忍住放屁或憋住大便排出的動作。

❸ 將手指放入陰道，當收縮骨盆肌時，手指會感到有縮緊的感覺。

第1招：隨時隨地都要做「凱格爾運動」

採自然生產的媽媽，可在產後一週內便開始；若為剖腹產者，感覺不舒服的話也可以稍晚再進行，可視個人恢復狀況漸進式的進行運動。

每天至少做3次以上，每次5分鐘，持續三個月以上，持之以恆的鍛鍊能見到相當不錯的效果。經過許多臨床及研究已證實，凱格爾運動對改善婦女尿失禁相當有效。

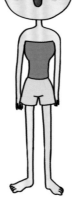

Step 1

保持正常呼吸，並放鬆身體其他部位，收縮骨盆腔肌肉。

Step 2

此時應感覺到會陰處肌肉及肛門附近有緊縮、被提起的感覺，維持5秒後慢慢恢復、放鬆，如此重覆一縮一放的動作。

Step 3

可用手摸腹部，如果腹部也有緊縮現象的，代表妳運動用錯了肌肉，腹部、大腿及臀部的肌肉應呈現放鬆狀態。

肚子有緊縮喔！

　　這套運動不只可以在月子期間躺在床上或坐在椅子上做，等到媽咪恢復正常生活後，無論是坐車、看電視或在辦公室時都可以進行骨盆底肌肉運動。

　　在平日站著或走路時，盡量保持夾緊臀部的習慣，都能矯正外擴的骨盆，讓屁股部位的肌肉更緊實喔！

進行產後運動，必須注意的4大原則！

1. 穿著儘量寬鬆

　　盡量穿著寬鬆的衣服再做運動，而且以吸汗的棉質為佳；此外做有氧運動時，最好穿著襪子和有氧運動專用鞋，一方面可以吸附身體的重量和作用力，避免身體受傷。

2. 隨時補充水分

　　很多人的習慣都是做完運動之後再喝水，其實這是不對的！因為不管是不是在做運動，運動中途只要有渴意，都需喝水；水不僅能幫助身體燃燒熱量，也可防止身體脫水。

3. 環境要通風

　　因為害怕產婦著涼，大家都習慣把坐月子的房間關得密不透風；其實讓空氣自然流通，對產婦來說才是最舒適的環境！尤其運動時會燃燒氧氣，如果氧氣不夠，腦部會因為缺氧而導致頭暈，所以千萬要小心。

4. 記得選對時間

　　因為早上的精神和空氣都比較好，所以進行運動的時間最好選在早上！但是很多媽咪都覺得早上要起床做運動，實在太難持續；因此如果真沒有辦法，可以選在晚上睡前做做伸展操，藉以幫助睡眠！

　　記得絕對不可在用餐前、後做運動，以免影響消化；而且血糖值過低會容易頭暈，所以千萬不要在飯前或飯後馬上做運動！至於運動的重點則是持之以恆，每次持續30分鐘，而且必須持續3個月以上，瘦身效果才會顯現。

第2招：抬臀提肛運動

　　這是凱格爾運動的改良版，搭配抬臀動作，讓整個下半身都能被訓練到，建議在凱格爾運動已經做得相當熟練之後，再進行這個動作。

Step 1

採仰臥姿勢，雙膝彎曲，兩腳掌稍微分開、平放於地面上，兩手輕鬆放置身體兩側。

Step 2

腰腹用力將臀部、髖關節向上抬起，同時收縮、夾緊臀部肌肉，維持3～5秒，將臀部輕輕放下，恢復成Step1姿勢並放鬆，重覆操作10～15次。

Hold住3～5秒

● 此運動每天可進行2次以上，注意抬起臀部時腰背部不可拱起，以免受傷。

第3招：縮骨盆瘦臀運動

　　此套動作在緊縮臀部的效果之外，同時能伸展腿部，對大腿肌肉進行良好的訓鍊。重點就是下半身用力，而上半身不出力。

　　因為有下蹲動作，運用到膝蓋部位，因此每天不用做太多次，否則可能會使膝蓋受傷。特別是體重過重的媽媽們，暫時不適合做，以免加重膝蓋負擔。

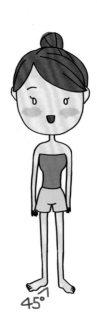

Step 1　採站立姿勢，雙腳打開，兩腳間距與肩同寬。腳尖呈45度角朝外打開。

45°

Step2

上半身維持挺直，雙手插腰、與肩膀同高，臀部夾緊。

Step3

膝蓋彎曲往下蹲，並將臀部向上提（即縮臀動作）。注意膝蓋彎曲時不可超過腳尖，上半身仍維持不動。

UP！UP！

Step4

兩腳膝蓋朝內側併攏，有助緊縮骨盆。若膝蓋感覺不舒服可不必勉強，可直接進行Step5動作。

Step5

將大腿內側盡量朝內側靠攏，維持1～2秒，膝蓋慢慢打直，恢復輕鬆站姿。重覆動作3～5次。

教你做對動作，快快回復！

肚皮還是鬆垮垮？權威醫師

常聽到很多媽媽抱怨：怎麼產後都恢復到正常體重了，但小腹卻好像已經回不去了。懷孕時產婦身體的許多部位都被撐大，尤其是腰腹的鬆弛及脂肪堆積，如果不趁早運動，日後要縮回「媽媽肚」就會很吃力了。

適當且持續的運動能擊退小肚腩，讓肌肉回復功能與緊實狀態；不過，要是懷孕時因腹肌纖維斷裂而產生的妊娠紋，這樣的鬆垮要再恢復就會比較困難囉！

第1招：腹式呼吸運動

產後的第一天即可開始，藉由深層的呼吸可達到收縮腹肌的作用。在產後恢復正常活動後，站著同樣也可進行。

Step 1

平躺於床上，用鼻子深呼吸一口氣，使腹部呈現微微隆起。

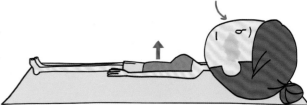

Step 2

慢慢將氣吐出，此時腹部肌肉應跟著內縮。如此重覆10次。

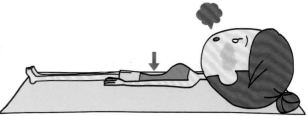

第2招：仰臥起坐運動

　　一般來說，建議產後第6週再進行，因過度增加腹壓會讓子宮產生下垂現象，不需太早訓練。此招有助減少小腹贅肉，強化腹部肌肉的線條及力量。為避免頭頸用力，初鍛鍊者可將擺在後腦的雙手輕靠在身體兩側，或雙手交叉貼於胸前。

Step 1

採平躺姿勢，雙腳膝蓋彎曲，腳掌稍微分開，雙手手掌交叉放置於腦後。

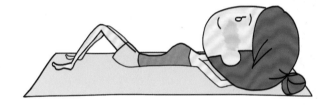

Step 2

雙手輕輕托住頭，以腰腹的力量將肩膀抬起，腹部再用點力讓上背部離開地面，但下背部需緊貼地面。

Step 3

此時應感覺到腹部肌肉收緊，稍微停頓1～2秒，再慢慢躺下恢復成Step1姿勢。重覆進行5～10次，等腹部力量足夠後再漸次增加。

1～2秒

第3招：擺腰扭臀運動

於產後恢復良好後即可開始進行，藉由溫和扭轉下半身的動作，達到緊實腹部、甩掉腰間與臀部贅肉的效果。

Step 1

採站立姿勢，雙手向前撐住牆面或桌子。

Step 2

小腹縮緊，臀部以順時針或逆時針方向慢慢轉動，如畫圈一般來回操作即可。

第4招：一定瘦的肚子瑜伽

橋式

因為是以腰腹及臀部的力量撐起，因此能有效強化腹部肌肉，還能消除髖部及屁股的贅肉，同時也是一個可以讓子宮更加健康的動作。動作正確的話，還能改善腰椎部位的無力及疼痛現象。

Step 1

平躺於軟墊或瑜珈墊上，雙手置於身體兩側，雙腳打開與肩同寬，膝蓋彎曲，腳後跟盡量靠近臀部。

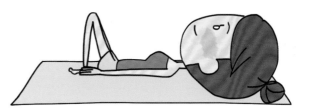

Step 2

吸氣，以腰腹部及背肌的力量將骨盆及臀部慢慢向上抬起，肩膀不可離地，讓背部至大腿呈一直線。

Step 3

臀部盡量抬高並夾緊，維持5～10秒。保持正常呼吸、不可憋氣（待體力更佳時再增加時間）。

5～10秒

Step 4

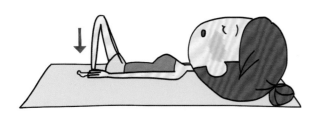

將骨盆及臀部慢慢放下，感覺是從脊椎、胸椎、腰椎、尾椎一節一節依序放下，恢復至Step1姿勢；重覆動作5次。

船式

　　這個動作同樣是運用腹部力量支撐，能矯正脊椎，雕塑腰腹之間的線條。在維持V字形姿勢時同時做腹式呼吸，效果會更棒！

Step 1

坐在軟墊或瑜珈墊上，腰背部挺直，背部微微向後，雙腳併攏，屈膝，腳掌貼地，雙手平放在身後兩側支撐身體。

Step 2

吸氣，抬起小腿至與地面平行，腳尖向上，上半身再朝後略傾一些，與地面成45度角，腹部此時應收緊保持身體平衡。

Step 3

呼氣，雙腳朝45度角舉直伸展，上半身與雙腳形成V字形，雙手離開地面向前伸直與地面平行（或輕輕抓住腳尖），雙腳併攏，保持正常呼吸，維持數秒。

Step 4

將雙手再撐回地面上，雙腳慢慢放下，恢復成Step1姿勢。

● 假如雙腳力量不夠、無法伸直，亦可從屈膝姿勢開始訓練，或在前方放置椅子讓雙腳支撐。

腳踏車式腹肌運動

空中踩腳踏車的運動，能充分訓練下半身，不但能讓小腹更結實，還能一起瘦大腿、屁股，美化小腿線條。

Step 1

平躺軟墊或床上，雙腿朝上抬起，臀部下方可墊枕頭支撐背椎。

Step 2

雙手手肘彎曲呈90度，用手掌將腰部撐住，雙腿朝正上方懸空踩腳踏車。重覆踩踏約100下。

90°

- 躺在床上做的話，床墊必須軟硬適中。
- 運動時速度不用太快，也要避免用力向上踢的動作；腿部盡量以圓弧型方式確實踩踏出去，才能有比較好的效果。

鬆弛的大腿肉肉回復法，媽咪一起跟著做

有些媽媽在懷孕期間，蓄積了許多皮下脂肪，整個人看起來硬是比孕前大了一圈。尤其大腿部位因為骨盆擴張的緣故，連帶也有外擴的現象。

坐完月子後記得要多站多走、少坐少躺或常穿高跟鞋；還要做對伸展操，幫助強化大腿內側及雙腳力量，肉肉自然消！

【大腿肌伸展運動】

這個動作可以徹底伸展腿部，並有訓練大腿外側肌肉群的效果，讓妳一舉消滅大腿贅肉。

● 採朝左側臥姿勢，將右腿向上抬高，與地面呈30～45度。維持數秒，再將腿慢慢放下。換朝右邊側躺，改抬左腳，並重覆以上動作。待腿部力量更足夠之後，可將靠地面的另一腳同時往上抬，雙腳併攏維持5秒再放下。

【大腿內側訓練運動】

大腿內側是平常比較不會用到的部位，因此必須透過運動加以雕塑，讓腿部的整體線條更漂亮。

● 採仰臥平躺姿勢，雙腿併攏，並抬高與身體呈垂直狀，兩腿同時往左右兩側打開至極限，維持10秒。接著慢慢往中間併攏，即可回到準備姿勢。

【大腿筋絡伸展運動】

在瑜珈當中，這個動作又稱為蝴蝶式，因為雙腳的形狀有如蝴蝶狀而被命名。除了能伸展大腿的內側肌肉外，也能疏通位於大腿內側的肝經；還能增進髖骨的柔軟度。隨著呼吸搭配陰道及肛門處的一鬆一緊動作，有助強化此部位的肌肉。

● 採坐姿，上半身挺直，兩腳腳掌貼在一起，雙手輕輕握住雙腳，吸氣後，上半身朝前壓下，額頭頂地，呼氣，雙腿保持不動，此時背部注意不可朝上拱起。維持10～15秒感覺肌肉微酸，吸氣再恢復成原來的姿勢。重覆3～5次。

適度的伸展，
幫你快快瘦喔！

PART3

產後媽咪及寶寶護理的
疑難雜症Q&A

生產是女性在一生當中非常關鍵性的改變，如何透過坐月子來調養？月子中面臨的特殊狀況該怎麼處理、改善？這些問題是否也正在困擾妳？產後媽咪及寶寶護理的大大小小疑難雜症，就讓醫師來一一解惑！

坐月子的黃金關鍵期
必學調養術

坐月子的這一段期間，又稱為「產褥期」，主要目的是讓生產完的媽媽們能在身體、生殖器官上恢復完全的健康。傳統上認為要達到良好的復原狀態，應休養、調理滿42天。

產婦坐月子的習俗在中國社會裡是非常必要的一種生活方式，而這種行為最早甚至可以追溯至漢朝，也就是說距今已經有兩千多年的歷史了。這樣的傳統是因為女性在最後分娩時，用力、出血、出汗，體力與精神上都受到極大的耗損，產後又有育兒重任；而古時的物質不夠豐富，營養攝取上又較男性差（因重男輕女觀念），因此會藉由「坐月子」來好好的調補身體。在這當中必須提供充分的休息，以及均衡的膳食、適當的藥補讓體力、氣血、筋骨、器官機都能獲得恢復。

Q1 什麼是「月內風」？該怎麼調養？

 分娩後**在肢體關節上產生的疼痛，我們稱它「產後風」或「月內風」。**它是因為女性在生產後氣血兩虛，筋骨、毛孔處於張開的狀態，風寒特別容易侵入骨縫之中，造成周身筋骨痠痛，更嚴重的還會覺得肢體腫重或麻木。

如果是本身就屬氣噓，再加上受到風寒，之後就會出現寒濕之病的症狀，例如一受冷氣或風的吹襲，便會有全身關節或肢體疼痛、四肢發冷的不適。病情史重的，即使沒吹風也會痛，吹到風則更痛。這時候就要趕快讓醫師診治，不能只靠補血補氣的藥膳來調理了。

要是本身為體熱、陽氣旺盛的女性，產後受到風寒侵入，則會出現濕熱病的症狀。主要是關節的紅、腫、熱並有劇烈的疼痛，也會有發燒、口感舌燥、口水黏膩、大便不通等等不舒服。

無論是寒濕或濕熱造成的月內風，其病因都不單純，如果疏忽、延誤治療，對媽媽本身可是有極大傷害，不可不慎！

Q2 坐月子時可以洗澡、洗頭嗎？

 產後皮膚分泌旺盛，出汗也比平時來得多，加上惡露的排出，身上可說是五味雜陳，洗頭、洗澡相對重要。

過去傳統說不可洗澡、洗頭的禁忌，是因古時沒有吹風機，洗澡設備也不像現代這麼好，洗澡的房間門縫容易有冷風灌入……。

然而，古今生活條件已大不相同，不須刻意避免。不過剛分娩完，**在傷口尚未癒合、身體感到倦怠的情況下，可暫以擦澡方式替代**，等一個禮拜過後再使用淋浴方式較為理想。以下建議媽咪們這樣做：

❶ 為方便產後洗頭，不妨先把頭髮剪短，有利於快速的吹乾頭髮；洗過後馬上用吹風機吹乾，不要受到冷氣吹襲。

❷ 到美容院洗頭會不會更理想呢？一般美容院的冷氣都比較強，如果碰到美髮師一忙沒辦法馬上幫忙吹乾的話，著涼的機率反而更大，如非必要在家洗可能是較為方便的。

❸ 洗澡時應注意水溫是否足夠；洗髮後用乾毛巾先包起來，盡量將水分擦乾，再以吹風機迅速吹乾。無論洗頭、沐浴，都要避免受風（冷氣、電風扇）吹襲，以防風寒入侵骨隙。

Q3 夏天坐月子時可以吹冷氣嗎？

月子期間的生活環境，以清潔、通風、舒適為重點，室溫以24～26℃最適合。至於炎熱的夏天裡，是可以使用冷氣的。不過要注意出入房間時，內外的溫差別過大，以免一冷一熱而生病了。

環境悶熱時也可使用電風扇來促進空氣流通，但不可對著產婦直吹。因產後骨節呈現鬆開的狀態，冷水或陣風特別容易從皮膚侵入，是導致關節痠痛、頭痛的重要原因，宜多加注意。

冬天使用暖氣也是可行的，與吹冷氣一樣，必須注意出入房間的溫差。無論使用冷氣或暖氣，要適當調節濕度，以免過於乾燥引起不適。

另外，小腹下體要做好保暖，就算是夏天也應加蓋薄被。服裝應以天然的材料為主，例如絲、棉、麻、緹，並以寬鬆、舒適為要。

Q4 產後一定要綁束腹帶，小腹才能收縮良好？

A 束腹帶的主要功能是固定傷口，減少活動時牽動傷口、造成疼痛，因此對於剖腹產的女性是必要的。尤其手術時有麻醉、插管者，容易在術後有氣管分泌物增多的情況，咳嗽清痰在此時非常重要，但卻時常因此引起牽扯的疼痛，這時候使用束腹帶有助減少痛感。

至於自然產者，是否使用束腹帶則因人而異。有些人會有「要綁束腹帶才能使骨盆腔早日復位，腹肌比較不會膨大下垂」的迷思，其實，內臟會下垂與過早使用腹肌相關；而腹部的鬆垮，與懷孕時腹肌失去彈性及妊娠紋多寡有關。這兩個現象都跟有沒有綁束腹帶沒有關聯。

然而，在懷孕生產的過程中，骨盆及其肌肉群、韌帶，或多或少都會受到壓迫、拉扯，**在骨盆關節、筋膜及韌帶回復彈性及張力之前，很容易產生下墜感，此時使用束腹帶確實可減輕下墜感帶來的不適；**當需要用到腹肌力量時也不會那麼吃力，但鬆弛的小腹並不會因此縮回或變得有彈性。反而還會因為使用不當壓迫到內臟、導致下垂。

自然產的媽媽們，使用束腹帶的注意事項

❶ 使用纏繞式的長條束腹帶時最好由下往上綁，以下緊上鬆的方式固定，以減少骨盆腔下垂及影響食欲；如果是上緊下鬆的綁法容易使內臟下墜。

❷ 使用時間不宜過長，生產完後的數天內，常有出汗情形，整天綁著束腹帶容易長疹子，特別是夏天更要小心。建議白天使用即可，睡覺時就不要再用了。

束腹帶用來保護、支持可達到一定程度的效果，但如果要恢復體態、讓小腹緊實，最主要還是得多運動；此外，懷孕期間體重增加適度、肚子較小者，產後通常也比較容易恢復。

Q5 月子期間可以做哪些運動？

 在生產後的7天內，還是盡量以臥床休息及多睡覺為主。特別是在頭一兩天起床如廁時，最好有人從旁協助；可採坐姿飲食；第三天之後可試著下床稍微活動一下。

等到拆線後確定傷口沒有感染後，可在床上進行適當的產後運動。例如：

❶ 手指屈伸、握拳再張開，轉動肩背部，並以手指觸肩。

❷ 手臂前伸，並向上、向下活動；雙腳亦可作屈伸動作，腳掌相對後再張開。

❸ 雙手放在肚子上做深呼吸，將空氣吸飽後、略微憋氣再慢慢吐出。

❹ 每天起床時可做頸部轉動的動作。

左手臂向上伸展，拉伸一下，換手再做。

拉伸左手手臂，脖子可順便轉動；換邊再做。

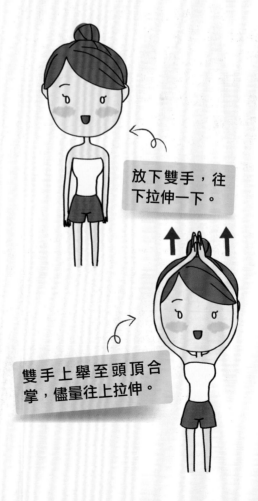

放下雙手，往下拉伸一下。

雙手上舉至頭頂合掌，儘量往上拉伸。

產後的不適症狀該怎麼辦

Q&A一次詳解！

產褥期出現發熱症狀，是怎麼回事？為什麼會有媽媽腕？生產後，為何小腹常常會感到悶痛？產後骨盆腔產生的疼痛會變好嗎？

針對媽咪們產後的種種問題，以及疑難雜症，本章節有最貼心、最好用的解決方案，媽咪們絕對不可錯過。

Q1 產後骨盆腔產生的疼痛會變好嗎？

A 骨盆腔部分的疼痛，是生產時骨盆腔偏狹窄，而胎頭較大，在通過產道時將尾骶骨折反了，所以在仰臥或坐著時會有不舒服感。一般說來因為此處沒有特別重要的神經，所以並不太影響其它的生理功能；**通常在兩、三週後會痊癒**。如果滿月後還是會有疼痛不適的話，可以諮詢醫師開立藥物治療，或針灸處理。

另外一種是在陰戶、陰毛上端的「恥骨疼痛」，這是生產時因荷爾蒙改變的緣故，使得恥骨聯合部位的軟骨被溶解了。尤其是頭胎生產時常因用力過猛，將此處撐開，骨頭因產傷而引起不適。最主要的特色是在蹲下、提拿重物或解便時過於用力，都會產生痛感。如有這樣的症狀要特別跟醫生說明，通常吃一些滋補肝腎的藥物會有幫助；自己在日常飲食上，食用硬殼類的蝦或牡蠣，也能有部分改善。

Q2 產褥期出現發熱症狀，是怎麼回事？

A 在生產後到坐月子的期間內，當出現體溫高於正常，例如有微熱、持續發熱不退，或在每天午後有發燒、突然畏寒高燒等等現象，就稱為產後發熱。因為發熱的臨床表現不一，病因也不同。

❶ 因生產時驟然失血、陽氣浮越而引起

　　生產後的頭一兩天，只有輕微發熱而沒有其他症狀，是因生產時驟然失血、陽氣浮越而引起。等過了兩三天之後，身體會自動調節改善，便能退燒了。

❷ 因乳脹而引起

　　產後兩天因乳脹而引起的發熱也屬正常的生理現象，待乳汁正常分泌後，一樣能恢復正常。

❸ 受到感染

　　生產時若因產道受到感染，引起發炎時也會有發熱症狀，例如會陰處的傷口發炎。

❹ 因惡露內積

　　產後因惡露內積，排出不暢導致血鬱，同樣也會生內熱。因此古人才會流傳有「產後服用生化湯」的調理方法。

❺ 感冒引起的發熱

　　一般醫院的產房，冷氣空調都比較強，女性生產時因出力而滿身是汗、毛孔大開，兩腿間也是呈現張開的姿勢，不過因正在用力所以不覺得冷。等生產過後整個人放鬆了，下體仍暴露著等待醫師進行檢查……等，在人體氣血兩失的狀態下，內感虛寒、外受冷風侵襲，最是容易感冒、發燒。

❻ 新產之後，因飲食過度，加上沒有運動，缺乏蔬菜、水果的補充，導致食物內停、腹脹便秘，也會使體溫升高。

　　如有高熱現象，必須請醫師根據病因治療；乳汁不暢或乳腺不通者可參閱P82【Part2－關於乳房】。

Q3 為什麼會有媽媽腕？

 顧名思義，這是一種當了媽媽之後容易犯的毛病，症狀是腕部疼痛，在學理上應該是指「伸腕肌腱群發炎」及「腕道症候群」兩種病。主要症狀經常是大拇指底部腫痛、不便活動，特別是在進行抓、握或捏的動作時引發疼痛；並有逐漸加重情形，有時會上痛至手臂處。

這是因為女性生產時，受內分泌影響使得身上毛孔、關節大開，一旦**受到風寒侵入、媽媽氣血虛弱，風寒就會滯留在肌肉、關節之間**，沒有適當治療的話就容易引起肌腱及神經發炎。再加上為了照顧嬰兒，餵奶、換尿布或抱娃娃的動作都無可避免，手腕沒有獲得充分休息，自然就難以痊癒了。

以「伸腕肌腱群發炎」來說，痛的部位約在手臂下1/3處，尤以大拇指與手腕交叉點最為疼痛。在臨床上也常發現，懷孕期間咳嗽沒有治療好而一直拖到產後的媽媽，其產前產後都會有腕部疼痛的現象。但一開始可能症狀輕微而被輕忽了！

「腕道症候群」則是指手臂正中神經在腕管內受壓迫而出現的手指麻木症狀，是因為腕管內的肌腱發炎、腫大壓迫到神經所引起。初期是手指感到麻木刺痛，但動動手很快便好了。

其實，不只有產後媽媽容易發生，只要是頻繁、過度使用以上部位肌肉群，或是跌倒傷到手腕的人，都會出現媽媽手喔！

Q4 當出現媽媽腕時，媽咪該怎麼辦？

 除了接受醫師治療外，多多注意以下保健事項，就能讓不舒服的症狀加速好轉：

❶ 避免腕部及拇指部位的活動及用力；要減少拿取重物，讓手腕多多休息。

❷ 感到不適處要小心不要受寒；可熱
敷手腕，增加血液循環，每天可敷
2～3次，每次約20分鐘。

❸ 若以推拿方式治療時，切忌用力過
度，自己也不可出力揉推患部。

❹ 長時間用手腕托住嬰兒頭部，也會
使手腕肌腱受傷。因此媽媽要特別
注意抱孩子的姿勢，不要單靠手腕
的力量，而是把寶寶盡量靠近身體
側，避免重量全集中在手腕部位；
並應減少抱新生兒的次數及時間。

❺ 香蕉、雞肉、酸味食物、啤酒、紹
興酒品皆禁止食用。

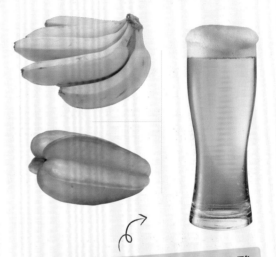

有媽媽腕的媽咪，香蕉、雞肉、酸
味食物、啤酒、紹興酒品等等食物
皆要禁食，以免造成症狀更惡化。

⒬5 生產後，為何小腹會悶痛？

Ⓐ 產後因子宮收縮引起的痛，俗
稱「血母病」（台語），在西
醫則稱「產後痛」、「宮縮痛」。尤
其是在新產、剛服過生化湯或子宮收
縮劑之後，會有一陣的下腹疼痛；也
有的會在哺乳時發生。不過這種痛一
段時間就會消失，待子宮變軟、停止
收縮，也就不痛了。

　　但是要特別注意，應當不該有發

冷發熱現象；不痛的時候，壓小腹時
亦不會有疼痛或抽痛感。若有這些異
狀時，恐怕子宮有發炎的可能。

　　一般而言，**病症輕微的並不需要
特別治療，只要在陣痛時用溫暖的手
輕輕按摩子宮部位即可。**但如果痛到
頭暈、全身無力；或是小腹非常痛、平
時摸不得，惡露量少，甚至胸部、脅下
都會脹痛的，就要讓醫師來診治了。

Q6 為什麼生完小孩，還是常腰痠背痛？

A 造成腰痠背痛的原因有很多，可以發生在懷孕期間、分娩時或生產後。若是在懷孕期間發生，多半是受到「鬆弛素」分泌的關係。而分娩過程中發生的腰痠背痛，則是子宮和子宮頸的神經部位受到刺激所引發；當然，分娩時所採取的姿勢，也或多或少有影響。

生產後約有2/3的產婦都會感到腰痠背痛，其中大概有7％比例的產婦，甚至在分娩1年後，仍會不時有不舒服的情形發生；20％的人則在產後6年內，還有某種程度的腰痠背痛。懷孕期間就有腰痠背痛的婦女，大部分在產後數週內疼痛得以緩解，其中仍有少部分的產婦腰痠背痛首次發生於產後，此情形好發於從事粗重工作、腰部常過度向前彎曲或扭動、姿勢不良及太年輕的產婦身上，但這種疼痛，通常會隨著時間，慢慢緩減。

剖腹產時的半身麻醉，並不會造成產後的腰痠背痛；也不太可能是造成慢性腰痠背痛的原因，建議您接受X光檢查，也許能幫您找出不適的原因。

Q7 產後還有一堆贅肉在身上，到底該怎麼辦？

A 善用工具，產婦瘦身超輕鬆！其實，不管是不是產婦，一直以來所有女生對於「瘦身」這兩個字就相當感興趣，總是無所不用其極的使用各種方法來達到減肥和雕塑身材的目的。我從來就很反對使用斷食、藥物或是其他不健康的方式來減肥，最根本的瘦身減肥還是「少吃多運動」這句老話，人家不是都說：天底下沒有醜女人，只有懶女人嗎？所以，想變成魔鬼身材的女生，當然要

多付出一點努力。

最近坊間的藥妝店或網路購物，漸漸開始流行塑身衣，從商品五花八門的功能介紹，在在說明了女孩子對於「雕塑身材」這件事有多麼執著和癡迷。我就常在門診中碰到病患，拿著滿手的束腹帶或調整型內衣來問我：「這些東西到底能不能用？效果好不好？」

其實腹、腰部，的確是產婦身體在產後會胖最多的部位，再加上肌肉顯得比較鬆垮，**所以使用束腹帶不僅可以緊實鬆弛的腰、腹肌肉，也可以幫助剖婦產的產婦癒合傷口**，可以一直使用到腹部恢復平坦為止！只不過在材質的選擇上，還是要多注意透氣和排汗，**最好選購棉質的束腰帶，尺寸大小也不要一次超之過急**，因為腰、腹部的贅肉可不是束得越緊，就能瘦越快，反而緊度剛剛好，才能讓身體有伸展的空間。

Q8 束腹帶真的束得越緊，瘦得越快嗎？

A 懷孕期間子宮撐大，內臟受到擠壓變形；生產完後內臟呈現鬆弛脆弱狀態，**利用綁腹帶的方法，可由下將內臟往上托高，幫助內臟收縮。自然產綁30天、剖腹產則在生產完第五天開始綁足40天**，於三餐飯前各綁一次，對於調整體型、預防內臟下垂、腰酸背痛、懼冷症有幫助。

生產完後，已經撐大的肌肉會因為寶寶的出生而變得鬆弛，所以使用束腹帶可以幫助身體的器官、子宮恢復原位！還有產婦在懷孕時必須承擔寶寶的重量，因此脊椎也會因負擔過大而變形、彎曲，產婦自然容易產生腰酸背痛的狀況。而針對這樣的腰酸背痛，束腹帶其實也有不錯的改善效果。而至於束腰帶的使用方法，則有下面幾個重點：

❶ 先將束腹帶攤開，放在身體後方。

❷ 把內側的黏帶往前調整到腰間。

❸ 再將外側黏帶拉到前方，和另一側黏貼牢固。

❹ 最後再調束腰帶調整到最適當的緊度和位置即可。

Q9 產後可以穿塑身衣嗎？

 塑身衣又稱為「調整型內衣」，市面上目前有訂作和直接購買2種，許多產婦都會在生產前就頻頻問我，究竟該買哪一種比較好？其實兩者各有利弊，因為訂做的內衣比較可以依照您的身材去做調整，不過價格偏高；而直接買成品則是方便，但是真想要挑到非常貼身的內衣，還真得有幾分運氣！所以產婦不妨自行取捨。挑選時記得多注意材質，因為塑身衣幾乎是產婦的第二層肌膚，每天要貼身穿8～10小時，所以盡量選擇材質輕柔、透氣，也能夠排汗的為佳！

此外，**生產完後10天左右再穿塑身衣比較理想**，不過如果傷口還在疼痛的媽咪建議不要勉強穿，一定要等到傷口不痛了再穿。塑身衣的尺寸也不要太小，以免壓迫到傷口。不過如果平常沒有穿塑身衣習慣的媽咪，剛開始穿著時一定會感到不習慣，所以可從每天先穿1～2小時，待慢慢習慣之後再增加穿著的時間。

穿塑身衣不僅能緊實鬆垮的肌肉，還可改善駝背的情形，很多女孩子平常就有穿塑身衣調整身材的習慣，據說還有美化胸型的功用。不過這也不是一朝一夕就可以達到目的。愛漂亮的女生，不管生孩子與否，都要發揮恆心與耐性才行喔！

Q10 有沒有既經濟又實惠的瘦身方法？

三陰交穴

A 其實平常在看電視或上班休息空檔時，媽媽們不妨自己多用手指按壓「三陰交穴」和「關元穴」，藉以幫助消除腹部脂肪，這可是最經濟又實惠的方式喔。

此外，我的很多病人生產後大約2個月就可以瘦約10公斤，之後還會慢慢變瘦，很多人甚至都比產前更瘦…，其實最主要的關鍵就是飲食正常，營養充分，加上適量的運動三管齊下，效果更好！產婦因為腸道較弱，容易便秘，每天起床之後可以喝一杯溫開水幫助腸胃蠕動，消化道是每個人健康的基礎，只要消化正常了，身體自然可以吸收養分，也會自行排除毒素和多餘水分，所以這是所有人都可以實行的健康法，並不限於產婦喔！

產後痔瘡如何治療？

A 產婦在懷孕時，因為胎兒壓迫靜脈，使得下腔靜脈的回流狀況原本就比較差，若是在生產時急產（速度過快），更會引發下腔靜脈回流障礙，雪上加霜、形成產後痔瘡。

不論是懷孕時就有痔瘡，或是經過生產而有痔瘡的，在產後以溫熱的水浸泡是很理想的，不過記得溫度要稍低一些，才不會讓充血情況更嚴重。

在飲食上，多選擇高纖維、容易消化的蔬菜；另外像富有膠質的海參，也能讓排便更順暢；具有行氣作用的香菜也不錯。

Tips

要減輕痔瘡現象，可購買皮硝、荸薺子、五倍子各2錢，加水熬煮後放至溫涼用來沖洗肛門，具有消炎並使痔瘡縮小的功效。

Q12 產後常腹瀉是怎麼一回事？

A 經常聽到一些婦女抱怨，因為月子期間腹瀉導致無法好好的調養身體，以致於產後總是多病。

產後腹瀉約有以下三個因素：

❶ 產後因氣虛、血虛，使得腸胃吸收功能欠佳，結果坐月子時又吃了麻油腰花、麻油雞……等油膩食物。對原來腸胃就不好、失血量多、體力差的人來說，便會引發消化不良、腹瀉。

❷ 產後吃了太多的生化湯也是原因之一，因生化湯當中的當歸，含有許多精油，容易引起腹瀉。

❸ 誤吃了不乾淨的食物，因而傷到腸胃，或因某些病毒感染引起。

因此，剛生產完的婦女應以溫暖、清淡、易消化的食物開始，盡量不吃油膩生冷的飲食，以免腹瀉也造成肥胖。

Q13 產後多汗的問題，該怎麼解決？

A 不少女性在產後，會有比平常較多的出汗現象，特別是在進食、活動後及睡眠時。這是因為產後氣血驟虛、體內陰陽失衡、毛孔不能收縮的關係，身體通常會在數天後自行調整、緩解。

但若是汗流個不停、持續不止超過3～4天的話，這就成為一種病症了，我們稱它為「產後汗症」。這時就必須加以治療，否則體液慢慢流失，輕者會缺乏乳汁、無法親餵母奶，或發生便秘，或是出汗過多、毛孔擴張易感冒；嚴重的話更會導致抽筋。

當產婦自覺出汗有點異常時，可適當調整飲食，例如食用可補氣養血的八珍、十全燉補，或是飲麥茶幫助收汗、止渴。也不要吃過熱的食物或穿太多衣服，以免出大汗；房間環境則要注意通風。

Q14 如何改善產後便秘現象？

A 這是產後常見三大疾病之一，也就是生產過後，發生解便困難、乾燥疼痛，或好幾天不解便的症狀，即稱產後便秘。特色是產婦飲食都跟平常大致相同，卻仍有排便困難的情形。之所以會這樣，大概可歸類為下列幾個原因：

生產時過度用力，使元氣耗損、輸送困難，腸胃蠕動功能因此變差，糞便結滯；或生產時的流血、出汗，流失了體內的津液，腸道為了增加體內津液會吸收較多水分，因而導致糞便過於乾燥難解。此外，因分娩時，大量出汗、失血，形成陰虛火盛體質，因而產生口渴便秘。

無論是哪一種原因，若在產後有良好的飲食方式，就能防止便秘現象。

1 多吃蔬菜及高纖維食物。

2 以250～500c.c.冷開水或較涼的溫水，加上一點蜂蜜泡開，每天早上起床飲用。

3 每天早上面對陽光，將雙手手掌搓熱，並以肚臍為中心順時鐘方向按摩肚子周圍100次。

4 如果月子中吃了很多麻油雞，身體很容易燥熱引發便秘。建議其實可以吃黑芝麻，既可補腎又有潤腸通便之效。

5 食用滯膩不易消化的料理時，不妨加一點芬芳健胃的香菜或香料食物一起食用，幫助促進腸胃蠕動。

想要改善產後便秘，可以多吃高纖食物，其中地瓜、綠色蔬菜、奇異果、木瓜或燕麥等等，都是治療便秘的好食物喔！

Q15 產後腰痠、腿麻、背也痛，該怎麼辦？

A 生產後會腰痠、腿痛，是由於妊娠期子宮增大、體重增加，使身體重心改變，腰背的負擔變大而引發。加上分娩時多採用臥姿，一陣痛後出力將腰背拱起及雙腿於陣痛時用力等等動作，導致產後腰腿疼痛，這是正常的現象。此時媽媽可加以熱敷來促進血液循環，並給予適度的休息，即可慢慢改善。

如果生產時損傷腎氣，產後又沒有好好的臥床休息，或有久坐、提拿重物……等行為，都會讓腰部肌腱受傷。若再兼之寒、濕侵入，或產生血瘀症狀時，產後自然腰痠背痛就更明顯了。一旦有這樣不舒服的感覺時，要多注意：

❶ 不可提、舉重物，睡覺時要避免高舉雙手的動作。

❷ 不要讓風或冷氣直吹背部，注意腰及背部的保暖。

❸ 熱敷並按摩腰部，促進患部的血液循環。

❹ 盡量在床上平躺，側睡、仰睡或趴著睡皆可。

❺ 服用生化湯可改善因氣血瘀滯於腰部而引起的痛症，可在生化湯中加入杜仲；或單獨服用杜仲丸。

真有不適時還是要請醫師診療，早期治療、預防後患，可避免往後一輩子的痛楚。

Q16 產後口渴，該如何解決？

A 產後口渴是非常普遍的現象，而且這種口渴讓人感覺是喝任何飲料都沒辦法改善的。

新產會有口渴，是在於失血及流汗過多，或因為長期處在冷氣房裡、體內水分散失引起，在傳統醫學上都認為是因為流失體液造成。所以應喝些補血的飲料或是飲用運動飲料，重點是要「慢慢喝」，不可一口氣咕嚕咕嚕的灌下，這樣只是讓身體進了很多水分而已；慢慢的少量補充，身體才能吸收。

通常生產完的第一週比較會有口渴現象，過了這期間應會逐漸減輕；如果是長期待在冷氣房的人，床頭放杯水亦有助改善。

有以下症狀，要特別小心！

要是產後不只有咽乾口渴症狀，還兼有煩躁、小便不順現象，就要注意是否因血瘀、惡露流出不暢引起的可能了。這樣一來，諮詢醫師會是比較理想的辦法。

最忌諱的就是一味認為口渴是由於火氣大引起，而過度食用了寒涼的食物，如西瓜、冬瓜、白菜、絲瓜、水梨等等來降火氣解渴；或是以一些利尿的蔬果或蛤蜊、冬瓜加速排尿，這會讓產婦的體液更加虧損，口渴症狀更嚴重，完全沒有改善功效。

在中醫的處理上，會使用滋陰利血及增強腸胃功能的藥物及食療，讓產婦的氣血充盈，全身得到滋潤，口渴便能好轉了。

冷氣房放水
有助改善口渴！

Q17 產後掉髮怎麼辦？

A 頭髮的更新與體內女性荷爾蒙有密切關係。正常狀況下，懷孕後因女性荷爾蒙增加，會使頭髮更新速度變緩，原來平時狀態的掉髮會停止，一直保存到產後2～3個月才會開始掉髮，然後再長出新的頭髮。

若在生產、精神壓力大，產後又過於勞累之下，掉髮現象則會較嚴重。一般以頭部前1/3較嚴重。大致上來說，掉髮在6個月內可以恢復正常，因此產後掉髮為正常的生理現象，不必過度擔憂。如果因此而不敢洗頭、梳髮，將會使得頭皮的皮脂腺分泌堆積，引起毛囊炎，而轉變成毛囊炎症的掉髮症狀了。

由於產後掉髮通常都是在坐月子之後發生，大家比較容易忽略飲食，再加上工作與照顧新生寶貝等等改變，都處在一個慌亂的狀態。所以產婦們應在月子中就將諸事安排妥當，並且慢慢恢復正常生活，如此才能調適OK。在心情舒暢、精神愉快下，女性氣血旺盛，頭髮也會較快長出。

此外，**每日勤加按摩頭皮或梳髮，可改善頭皮的血液循環，有助長出新髮。在飲食方面**，均衡的營養才能滿足身體所需，無論是**蛋白質或維生素都很重要，還可多補充紫米粥、烏髮粥、枸杞黑豆排骨湯及首烏雞湯。**

首烏雞湯

材 料

小母雞1隻，何首烏1兩，當歸、枸杞子、紅棗各5錢，薑片、蔥段、白果各少許。

做 法

STEP 1 雞去毛及內臟，洗淨；藥材洗淨。

STEP 2 將藥材及蔥段、薑片由腹部塞入，放入砂鍋加水淹過，大火煮滾後轉小火煮至雞肉熟爛即可。

Q18 產後很容易罹患憂鬱症嗎？

A 產後憂鬱的症狀在臨床上是很常見的，大多數媽媽在坐完月子後都可以良好的回復。

發生此症，主要因為產後大家都把焦點集中在新生兒上，產婦由生產前的主角此時變成配角，心理難免會有失落。而且孩子出生後到滿三個月之前，常會有日夜顛倒，晚上哭鬧不睡、白天大睡的情形，媽媽往往因為夜間的照護而有睡眠不足現象，情緒自然不容易穩定。

另一個原因則是因為女性體內荷爾蒙的變化，對產婦有極大的影響。而產後身材走樣、身體鬆弛；擔心無法扮演好母親的角色；孩子到底有沒有吃飽等等憂慮，對新手媽媽來說也會造成心理的挫折感，也就特別容易發生產後憂鬱症了。

降低罹患憂鬱症的5大方法

方法1 為了避免產婦坐月子期間的睡眠不足，建議事前應與家人協調好，白天由幫助坐月子的人將寶寶抱離房間，讓媽媽可充分補眠。

方法2 在心理層面上，先生與家人對產婦要多加安慰與關心。

方法3 飲食上要盡量少吃過於燥熱的食物，多吃容易消化的清淡之物，能減少情緒上的波動。

方法4 適當的甜食有幫助，可以紅棗10顆、甘草3錢、小麥1碗，加水6碗熬煮成3碗份量，分三次溫飲。

方法5 早上及傍晚時刻接受陽光的適度照射，休息的房間內燈光要明亮一點，對情緒都有正向影響。

產後瘦不下來，該怎麼辦
Q&A一次詳解！

Q1 產後是不是很容易變胖？

A 在臨床上最常碰到的媽媽困擾，產後第一週通常都是煩惱乳汁不夠，第二週則為脹奶，到了第三週開始，產婦都會擔心身材走樣、腰腹間多了一層游泳圈、骨盆被撐大等等問題。

在月子期間內，其實不用過於焦慮體重增加或身材變形的現象。一般生完後體重增加在10公斤以內，都是正常的。在**坐完月子後有40%的人能恢復到原有體重**，有1/4的人則會留下4公斤左右，並大多**在6個月內可慢慢調整改變**。要預防產後肥胖，必須先從了解致胖因素開始：

❶ 懷孕時胖得太多導致產後恢復不佳：到懷孕末期，體重最好能維持增加10公斤左右；而手臂是否有變粗現象也是能否恢復身材的指標之一。

❷ 是否哺乳是恢復身材的重要關鍵。

❸ 月子當中飲食要注意：**不可吃太多過油、甜膩、太鹹的食物。**

❹ 月子裡可從事適當活動：坐月子期間不是只有吃、睡而已，應在傷口恢復後安排適量的活動，對體能的修復、身材回復都有正面幫助。

❺ 此外，高齡生產也是肥胖主因：人在30歲之後，新陳代謝率已開始下降。如果產後不加以運動提升代謝率，要瘦下來可就很難了。

產後到底要怎麼做，才能回復窈窕身材？

A 產後的減肥黃金期為6個月內，這期間沒有恢復的話，後面再減重就會比較困難。無論是不是親自餵母乳的，服用減肥藥萬萬不可！既容易傷肝，復胖率也非常高。

大家都知道**哺乳有利於寶寶的腦力成長及身體發育，同時，它也是一個很好的減肥方式。**親自哺育孩子能促進媽咪的新陳代謝、營養循環，也能把孕期中積存體內的脂肪輸送、消耗掉，減少皮下脂肪的囤積。

『黃帝內經』裡提到：「久臥傷氣」、「久坐傷肉」，躺太久坐太久會傷氣、使人倦怠，肌肉鬆垮、肥胖也就跟著來，還容易出現腰痠背痛的問題。所以，產後提早下床也是重點，例如正常的如廁、沐浴等等。但是失血較多的人或是血壓過低者，如為剖腹產時，於第二、三天必須在他人協助下走動。

在生產完42天之後，建議可經常參與戶外活動，尤其早晨的陽光是最天然的補藥。每週堅持4次、半小時以上的散步、走路，速度可由慢至快再逐漸慢下來，讓汗液自然流出，回家沖個熱水澡再吃早餐，是極為理想的運動方式。

而運動減重秘訣在於持之以恆。**在月子後盡速展開適量運動，不但可促進消化，對產後汗斑與便秘、子宮後傾或下垂及鬆弛現象都有幫助，**但不可操之過急或運動過量。此外，跳躍運動會使膝蓋及脊椎受傷；蹲下的動作也容易造成子宮、陰道下垂，要格外避免。

Q3 產後飲食怎麼吃才會瘦？

A 無論是不是產婦，減肥向來是女人終身的課題。而減重的基本便是intake與output，也就是攝入與排出的問題。吃是每天必須做的事，大家要意識到運動也是這樣；每天攝取充足的飲食，加上適量的運動，讓吃進去的熱量少於被消耗掉的，要瘦下來其實並不難！

至於該怎麼「吃」，把握幾個原則就行了：

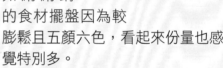

想瘦？早餐一定不能省！

讓身心都飽足：

1 眼睛飽：讓料理看起來有滿足感，可從食物的色澤搭配、擺盤著手。例如涮涮鍋的食材擺盤因為較膨鬆且五顏六色，看起來份量也感覺特別多。

2 嘴巴飽：放慢進食速度，透過細嚼慢嚥可以讓嘴的滿足感增加。

3 心理飽：當有想吃的食物時就要吃，不可讓自己常處於飢餓及心理不滿足的狀態。

4 胃要飽：每餐吃7分飽就應當停口結束了，暴飲暴食的吃法會讓胃被撐大。

一定要吃早餐

很多新手媽媽早上被寶寶吵醒，一陣忙亂之後往往就忘了吃早餐。過去曾調查過200例肥胖者，其中大部分都不吃早餐，因此想減肥，早餐一定要吃。如果**不吃早餐**，在忙了一早上、**到了中午後血糖太低**，會有飢不擇食的現象，**會吃得更快、更飽，反而攝取到更多熱量。**

晚餐吃太多，絕對瘦不了

胰島素是促使成人體脂肪儲存的推手，而晚餐則是胰島素分泌的高峰，這時候進食超過熱量或吃得過於油膩，會讓血脂驟升。加上夜晚活動量少，多餘的熱量會轉成脂肪、使人發胖，連帶造成動脈硬化、脂肪肝……等健康問題。

重口味飲食要忌口

太油、太甜、太鹹的重口味食物，特別能促進食慾、讓胃口變好，當然更容易使人不知不覺吃下太多。

減重期尤其要避免罐裝或手搖飲品，它們帶有的甜份易引人發胖又不利健康。口渴就喝水、不吃零食，才是瘦身成功的基本要訣。

吃的順序對，瘦身變簡單

符合健康的飲食順序應該是：

1. 先喝湯：能給胃很好的飽足感。
2. 再吃主菜：也就是蛋白質類（如魚、肉、豆、蛋），這是修補、建造身體細胞的原料，對身體最重要，所以一定要吃足。
3. 接著吃蔬菜：蔬菜有利消化，不可缺少。
4. 最後才是主食：麵、飯……等澱粉類在這時候食用自然就能減量，主要用來補充基本的營養，餐後亦可來份水果。

STEP1	STEP2	STEP3	STEP4
先喝湯	吃主菜	吃蔬菜	吃主食

Q4 產後多久才能享受性愛？

A 女性在分娩的過程中，子宮產道都會受到影響，被撐大的陰道黏膜變得較薄，容易受到損傷，需假以時日收縮恢復正常；而子宮內膜胎盤的剝離傷口可透過宮縮變小，子宮頸口因撐開而有裂傷，若未痊癒而行房，是很不恰當的。

一般在**生產完6周左右會做產後檢查**，醫師便會告知恢復狀態，**若沒有任何問題、復原良好的情形下，大約6～8周後即可開始性生活。**

產褥期之所以定為42天，是因為這段期間內生殖器官才能完全復舊，包括子宮大小的修復、子宮內膜復原、子宮頸閉合、陰道黏膜的恢復等等。若在產褥期時發生性行為，陰道容易受傷，加上子宮頸短期內還沒閉合，容易把細菌及異物帶入，使尚未修復的內膜發炎、引起感染，導致陰道炎、子宮內膜炎、子宮肌炎等等。在產道尚未修復的情形下，建議產婦還是多休息。

如無特殊狀況，會建議在產後42天至2個月間，方可恢復性生活。若惡露未淨，或有產褥期感染，則性生活時間應延後。

通常產後的第一次性行為，會因為陰道黏膜的柔潤度及彈性較差而有不舒服，因此先生們應溫柔並縮短時間，增加前戲為宜，以新婚之夜的心情來進行，如此有助夫妻間的恩愛及信任感。加上產後媽咪通常都將心思放在寶寶身上而忽略了另一半，透過親密關係也能讓先生感受到備受關注的感覺。

對女性而言，由於自然生產時通常會作會陰切開術，產後即進行縫合，因此陰道口會變得狹窄一些；若再加上產後哺乳，女性荷爾蒙低下，陰道壁變得較薄、彈性差、分泌物減少，性慾較低，於性行為時也易出現乾澀不適。若是產後首次行房過於猛烈，會造成損傷出血。而第一次的不愉快感覺常讓女性對性生活產生退卻，導致性冷淡。若有不舒服的情形，可在行房時使用潤滑劑，並改善氣氛，加上先生的體貼，雙方共同努力自然能恢復到品質較佳的性生活。

適度、合理、和諧的性生活，除了增進感情外，也能放鬆緊繃的生活，同時更是維持美滿幸福的要素之一。但在任何一方過於疲勞時，則不宜行房，一來是男性易發生早洩、陽痿而失去自信；再則，女性易引發泌尿、生殖系統的感染，甚至反覆性發炎導致慢性盆腔炎等等，所以一次美好的性行為必須多方面的配合。另外要特別注意，不想很快再懷孕者，務必要做好避孕措施。

Q5 應該什麼時候生第二胎？

A 很多來看診的媽媽問我，想要給寶寶添個小弟弟或小妹妹，但寶寶才一歲半，是要等寶寶大一點的時候再懷，這樣才不用同時照顧兩個寶寶很辛苦？還是趕快再懷一個，畢其功於一役，一次累完就算了？到底什麼時間才適合生第二胎？

就醫學上的觀點，我會建議妳最好生完第一胎後，隔3年再生下一胎，這樣妳的身體才能得到充份的休養，孕育寶寶的環境才能重整到最佳狀態。不過，由於現代人的生育年齡普遍延後，有些人在30歲，甚至35歲才生第一胎，如果第二胎時間要再間隔三年，一定就會面臨高齡生產的問題，所以，以現在的標準來看，兩胎間，最少要間隔一年以上是最好的。

Q6 什麼時候開始避孕？

A **其實產後3周就要開始避孕。**很多人會以為，生產完後月經還沒有來之前，即使不避孕也不會懷孕，事實上這是錯誤的觀念，生產完如果沒有餵母奶，月經大概6～8週才會來；有餵母奶的話，月經來的時間會更延後，我甚至有看過某些婦女，3、4個月都沒來，這些都屬於正常的範圍內。

在月經還沒來之前，子宮就已經開始排卵了，隨時都有受孕的可能，所以，如果不想這麼快再懷孕，就一定要做好避孕的工作。除了使用保險套之外，生產完3個星期的妳，就可以開始吃口服避孕藥了。不過，要特別注意，目前市面上的避孕藥，一種是含有雌激素，另一種是黃體素，如果妳打算餵母奶，選擇的避孕藥必須不含雌激素，因為雌激素會抑制乳汁分泌，可能會影響妳的哺餵計劃。

關於寶寶的餵乳、日常照護
Q&A一次詳解！

Q1 什麼狀況下，不宜哺餵母乳？

A 黃帝內經中提到：「上為乳汁，下為血水」，認為乳汁是媽媽的氣血所化，因此哺餵母乳者必須是無病之人。以現代説法解釋，**凡是患有慢性疾病的母體皆不適合**，例如心臟病、糖尿病、腸胃病、肺結核、長期腹瀉者，或是服用放射性藥物如抗甲狀腺及抗癌藥的人，其乳汁可能有成分不足或不良的問題，並不適合親自餵奶。

至於**有突發性的腹瀉症狀，或是患了乳腺炎、重感冒的媽媽**，此時**也應暫時停止哺乳**。而過敏性疾病比較可能是經由基因遺傳，不會因吃了母乳而加重，因此有過敏體質的媽媽不用擔心孩子會對母乳產生過敏現象，反而更應餵哺。

Q2 上班族媽媽，該如何餵母乳？

A 建議職業婦女在生產前半年至三個月，就要為孩子找尋適當保母，且最好是離家裡或辦公室較近的，如果要親餵母乳會比較方便。

如今女性們的產假將近有兩個月之久，在收假前半個月建議就應讓寶寶到保母家，並將中午的餵奶改用奶瓶給予，讓孩子慢慢適應新的環境及吃法。

至於擠奶時間，早上可早起半小時先餵奶，並擠出一點供中午食用；

如果不夠的，可在前一天晚上先擠一點保存，再加上早上所擠出的，用奶瓶裝好放置冰箱，待餵食前再溫一下即可。

一般來說，擠出來的**母乳在室溫下能保存6～10小時，冷藏可達5天，冷凍庫則可存放3～4個月**；奶瓶則要先消毒過。

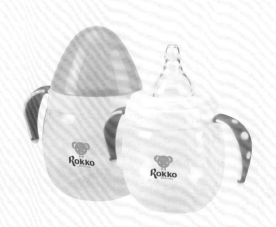

Q3 半夜如何讓寶寶不用再吃奶？

A 半夜不餵奶的工作，應當從月子中就要開始。建議將新生兒的餵奶時間分配在早上8點、12點，下午4點、8點，凌晨12點、4點，**漸漸將夜間12點的餵奶調整到11～12點間；凌晨4點的那一次，可以等到寶寶哭了再餵。**很多小寶寶自己會將喝奶時間延後，大人千萬不要多事的叫醒餵他。

通常在滿月後，半夜的這一次喝奶都不會再起來吃了。萬一寶寶還是吵著要吃奶，可先拍拍他、抱抱他安撫一下；可以的話讓他哭個5分鐘、10分鐘，有時哭累就睡著了；要是孩子還是繼續哭鬧，這時才餵點開水。

這種辦法大約花兩三天的晚上，最遲一週就能把寶寶的作息調整過來。

必要時也可以在晚上煮點稀飯，取點米湯水，等到凌晨12點的那一餐，加上熱開水再一起用來沖泡牛奶給孩子吃。這樣一來，消化上比較不像單純的牛奶那麼快，飽足感較好，寶寶才不會時間一到就因肚子餓而哭鬧了。

此外，有時借用奶嘴來滿足小寶貝的口欲也是可行的。當他半夜啼哭時，給顆奶嘴再幫他拍拍背，一般都能很快再睡著。不過，一定要注意奶嘴的清潔消毒，在滿六個月前，無論有沒有用過，每天都要煮一次。

Q4 用奶瓶餵寶寶時要注意什麼？

首先就是奶瓶用具都必須經過煮沸消毒後才能使用。用奶瓶餵奶時，媽媽要注意**奶瓶傾斜的角度，大約傾斜45度**，而此時在接近瓶口的瓶頸部分應當要充滿奶汁，小寶貝才不會吸進太多的空氣，引起脹氣不舒服。

奶嘴的孔洞大小也要注意，**孔洞小，奶汁無法均勻流出，寶寶要花較多力氣吸吮**，有時吸累就睡著了，卻不見得有吃飽；若是吸孔太大則會讓寶寶吃得太急太快，很容易發生嗆奶。一般測試方法，可將奶瓶倒轉過來，奶水應呈現一滴一滴如水滴狀流出，**每秒約2滴為最恰當**；也就是餵奶應在15分鐘左右完成，如果少於這個時間的表示速度過快，孔洞必須加以調整。如果是餵配方奶的，此時剛好也可以試試溫度，原則上是牛奶滴在手腕內側感覺不燙即可。

以配方奶粉來哺餵寶寶的媽媽，由於各家廠牌的沖泡方式不同，必須依照說明方式調配奶粉及水的比例。沖泡濃度過高，小寶寶容易消化不良、產生腹瀉；沖調濃度太稀則會導致小寶寶便秘，營養不夠也吃不飽。

Q5 每次吃完奶後一定要幫寶寶拍背直到打嗝排氣？

奶汁在衝擊之下易於產氣，這道理跟豆漿倒出時會產生大量泡沫，乃因含有高蛋白的緣故一樣。而以奶瓶餵乳的寶寶，特別容易吸入瓶中的空氣，胃中的牛奶位置在上、空氣在下，易打嗝而產生嘔奶，因此需要拍背、幫助排氣。親餵母乳的就比較沒有「吸到空氣」的問題，加上乳汁流量較小，所以拍背、嗝出空氣就比較不是那麼重要了。

要注意的是，不可為了趕快排出空氣而過度或用力的拍打，這樣會讓寶寶受傷。此外，餵奶時避免過急、過快，且不要在喝完奶後（半小時內）馬上平躺，打嗝溢奶的情形就比較不容易發生了。通常寶寶出生滿3

個月之後，生理功能較健全，便能自己排氣，也不易產生嘔奶了。

為寶寶拍背的正確做法：

1. 將寶寶豎立抱在肩膀上，讓其頭部剛好靠在大人的肩膀上（肩膀上另墊一條小毛巾，以防嗝出的奶汁沾到衣服）。

2. 手指略微併攏，稍微彎曲使手掌有如碗狀，由寶寶的屁股上方輕輕朝上背部拍打直至嗝出空氣為止。

Q6 寶寶晚上不睡、哭哭啼啼怎麼辦？

A 「夜啼」是指初生嬰兒入夜後啼哭不安，或是每晚定時哭鬧，更甚者會整晚哭個不停，搞得全家被疲勞轟炸、跟著手忙腳亂。可是一到了白天，這些寶寶又安靜入睡，甚至進入沉睡而誤了餵奶時間。

然而，觀察夜啼寶寶的全身都還算健康，既沒有發燒、嘔吐、腹瀉、便秘等等症狀，也沒有外傷、皮膚搔癢、感冒、疝氣……等疾病。當然也應排除尿布濕、肚子餓、環境吵鬧因素，那這些孩子到底怎麼了呢？

中國傳統醫書上提到：凡夜啼，見燈即止。也就是這是平時日夜都點燈的習慣、以致寶寶怕黑引起，古書上又說：「乃為拗哭，實非病也；夜間切勿燃燈，任彼啼哭，二三日自定。」意即，**晚上睡覺不要點燈，讓孩子明瞭有白天、夜晚的區分**，養成晝醒夜眠的好習慣。

此外，有些寶寶因為「脾寒」，或受了驚嚇，也會出現夜啼。脾寒指的是小娃兒因消化系統能力不足，再加上夜晚陰冷，因此出**現腸胃脹氣或腹絞痛的情形**。這也是現代醫學認為新生兒**晚上啼哭不止的重要因素之一**。

Q7 寶寶需要吃八寶粉嗎？

A 一般民間會有給新生兒吃八寶粉的習俗，這帖藥方源自於閩南地區，主要成分為牛黃、珍珠、琥珀、麝香、珠砂、鉤藤、金箔、珠貝等等，各家配方略有不同。

至於**八寶粉的作用主要在於「清胎熱」，也具有鎮驚的功能。**為什麼要「清胎熱」？是認為嬰兒容易長癤子或癰疽，原因為媽媽在懷孕期間吃多了燥熱辛辣的食物；也認為寶寶在胎中受熱，出生後就會有睡不安寧或受到驚嚇、長期解青便，或是好哭而無法熟睡等等現象。這是古時醫療資源有限的情形下，所衍生出來的育嬰撇步，也成為現在很多長輩用來照護新生兒的方式。

另外，中醫也認為**純正的八寶散，對新生兒的感冒、咳嗽、腹脹或睡時易被驚醒……等症狀，具有改善的效用。**

有人會問到：「不是聽說珠砂會影響寶寶的腦力嗎？」其實如果是使用天然的珠砂，並遵循古法炮製，是不會產生問題的。但有一些不肖商人為了節省成本使用人工合成的珠砂，又沒有按照標準的製造方法，才會產生問題。

因此，在無法得知購買到的八寶散藥材是否純正的情形下，媽媽婆婆們千萬不可自行給藥或聽信所謂的秘方（現在政府已禁止藥房販賣），均必須經由合格、可信賴的中醫師診斷用藥才是。

Q8 聽說讓寶寶趴睡，臉形才會漂亮？

A 大約三四十年前開始，的確很鼓勵讓新生兒趴著睡，認為這樣能防止孩子受到驚嚇、睡得久一點，而且臉型會變得較長、比較漂亮。

但就寶寶的生理狀況而言，初生嬰兒胸肌無力，無法自行撐起頸部，轉頭、抬頭的動作也有困難，所以容易被枕頭、被子悶住，堵塞口鼻引起窒息危險。據美國研究發現，讓新生兒採仰睡姿勢可使嬰兒猝死綜合症的發生率降低30%，因此現在已鼓勵採用仰睡或側睡。

至於要避免小寶貝受到驚嚇，可用包巾緊裹寶寶，雙手包住較有安全感，那麼他自然就能睡得安穩、久一點了。

Q9 舌苔是否每天一定要幫寶寶清除？

A 基本上舌苔是腸胃消化狀況的表現，舌質淡紅、舌苔薄白代表「胃」夠健康，因此當舌頭上沒有異物時，並不需要用紗布清除。尤其大人的手指藏有許多肉眼無法見到的髒汙，在為寶寶清潔的過程中，有時反而會不小心把細菌帶進了寶貝的口腔內。

那麼為何有清除舌苔一說？這是源於早期小兒愛哭、不好睡，使用八寶粉擦拭舌面及牙齦而來。至於舌苔的健康，如果是食用母奶的新生兒，當舌苔呈現白而厚膩的乳垢狀，見不到舌質應有的淡紅色時，這就表示孩子體內濕熱，是因為媽媽飲食過於辛熱所引起，必須改善餐食內容。

要是**擔心牛奶殘渣黏附在寶寶的舌頭或口腔黏膜上，吃完奶後再餵點開水即可**，不須特別清潔。

PART4

一人吃兩人補！
產後媽咪該怎麼吃？

坐月子是身為媽媽之後，能享受被呵護、照顧的重要階段，也是身體得以恢復、調整的黃金期，而怎麼吃就顯得特別重要了。尤其是親自哺餵母乳的媽媽，想讓乳汁更充足、好吸收，也想為寶寶帶來更棒的抵抗力，唯有吃對飲食，媽咪及寶貝才能正確養身補元氣！

產後媽咪的坐月子飲食營養

攝取原則是什麼？

坐月子時該怎麼吃才能補充生產時流失的養分？而哺乳的媽媽們如何透過營養來分泌足夠的乳汁呢？重點就是要從六大類食物中選擇營養含量豐富的種類，不一定要大補特補，以免吃進過多熱量；也應破除不必要的飲食禁忌，因為越是限制飲食，越不容易獲得充分的營養。

坐月子少不了食補與藥補兩種，但產婦一定要記得一個原則：那就是產後先服用數帖「活血、化瘀」的藥方，如＜生化湯＞，待將子宮內的髒血、未排淨的胎盤組織清除乾淨，然後才能進補，以免留下後遺症，例如:白帶異常、月經失調、不孕或腰痠背痛……等，只要所攝取的熱量及營養素符合產婦的需求，就能在月子期補對方式、吃得健康。

改變體質趁時候，挑選適合中藥滋補

相信大家或多或少也吃過中藥，對於補氣血的婦科中藥，一定吃了不少，更遑論生孩子之後要補元氣的大事了！尤其是中國人傳統的坐月子習慣，都少不了加些中藥來滋補一番。尤其中醫講究氣血的運行，正所謂氣血運行良好，才能分泌足夠且營養充足的母乳，所以中藥對於中國人坐月子來說，可是相當重要的一環！

尤其許多中藥食補更是歷代祖先

的千年智慧結晶，像是**「益母草」可以幫助子宮收縮、活血調經，「山楂」可以幫助產婦開胃，「人蔘」多用來補氣等等**，只要是可以溫補的藥材，都建議可在此時多多食用，尤其是利用中藥搭配食材來改變體質，更是產婦在這個時期最需要注意的一門必修課題。

😊 有哺乳的媽咪，熱量增加500卡，一人吃才能兩人補！

因為需要親自餵母乳的關係，寶寶的營養也要經由媽媽才能充分攝取。一般來說，**有哺乳的媽媽**每天乳汁約分泌800～1200毫升，為了供應足夠的熱量幫助泌奶，**必須比一般人多增加500大卡的熱量。**如果產婦活動量較大的，熱量應當再多增加一些；或是小寶寶的乳量需求增加至800c.c.／天以上，則可加至800～1200大卡。至於選擇不哺乳的媽媽，雖不必特別增加熱量或營養素的攝取，但仍應顧及飲食均衡，千萬不要補過頭了。

但是**熱量需求會因活動程度、年齡及代謝狀況而有所不同。**不過這也不是要您無止盡的大吃大喝喔！許多女生都以為坐月子期間吃再多也不會胖，其實這些真的都是大錯特錯的觀念，因為坐月子飲食的最高指導原則，應該是多攝取營養價值高但熱量不高的食物，即便是飲水的份量，也要比平常多出至少一半才足夠促進乳汁分泌。

日常的米食或麵條，都是提供熱量的良好來源，不可為了怕胖而不吃；建議可多選擇同時含有豐富纖維的全穀類製品，例如糙米、紫米或胚芽米。

至於熱量的消耗跟活動量有關，產婦不可整天躺著、坐著不動，沒有被消耗掉的熱量會囤積在身上，這是很多媽媽在坐月子期間繼續變胖的主要原因。

每日所需熱量，自己算一算！

生活活動強度	懷孕前體重	每公斤所需熱量	增加	所需總熱量
低		× 30 kcal／Kg		
稍低	Kg	× 35 kcal／Kg	500 kcal	
適度		× 40 kcal／Kg		
高		× 45 kcal／Kg		

範例：小如產前50 Kg，她在產後打算自己哺乳，她究竟該攝取多少的熱量，才能應付寶寶並且為自己的健康奠定基礎？

解答：50 Kg× 30 kcal＋500 kcal＝2000 kcal

😊 產後媽咪要怎麼吃對營養又不發胖？

產後是調理母親體質的關鍵，常有長輩叮嚀，產後生理調養是否良好，端看月子坐的夠不夠周全。然而，現代人飲食營養豐盛，婦女容易在懷孕期間滋補過度；再加上坐月子時勤於食補，那麼產前加上產後多出來的熱量，就會通通轉化成為脂肪累積在身上。所以，**聰明的坐月子方式，應是在接受老祖宗智慧傳承的同時，又能有技巧的攝取坐月子料理**，才可真正幫助自己在**產後迅速恢復窈窕。**

產後坐月子期間，臥床休息多、喝水量不夠、蔬菜或食物吃得少，造成腸蠕動不足，可能導致便秘，因此每天水分、新鮮蔬菜、水果、適

度的運動都不可少。產後在食物的選擇方面，應盡量多樣化，以便獲得更多的營養來源。

要把握「少量多餐、清淡均衡」的原則

剛生產完之後的腸胃機能比較疲弱，所以**我建議產婦最好是採用「少量多餐」的方式進食，把每天3餐的量分成4～6餐來吃，甚至是吃到8餐都沒關係！**再者因為每日攝取的食物份量增加了，一次吃下太多食物的腸胃道根本無法吸收，進而容易造成腹瀉、便秘。還要注意多吃容易消化的食物，才能有更好的吸收；盡量避免吃太硬、太油的食物，徒然增加腸胃負擔。

此外，產後剛開始幾天因為體力大量流失，加上傷口疼痛會讓您食欲減退，這幾天可以多補充一些流質或半流質的食物補充體力，像是牛奶、蔬菜湯、大骨湯等等，總之就是越是容易消化的食物越好。

產婦要注意全面性的營養攝取，尤其是蛋白質、維生素、礦物質……等都要特別留意。我都會建議醫院內的產婦，**如果想要增加乳汁的分泌，可以多用豬腳、大骨燉湯**，除了補充豐富鈣質，另外還能加入一些黃豆提供優質蛋白質；平日就常吃的蔬果更要加倍多吃，因為除了熱量低之外，蔬果富含的纖維質可以幫助腸胃蠕動，改善產婦常發生的便秘問題。許多產婦都有四肢水腫的問題，則要特別控制鹽分的攝取，多吃清淡的飲食，才不會加重腎臟負擔。

營養1：脂肪

不可拒絕攝取脂肪，脂肪是構成腦組織的重要物質，約占腦重量的50%，對寶寶來說是很重要的成長營養。然而在懷孕期間，孕母為了儲備授乳會自動儲存約3000克的脂肪，所以新產時攝取脂肪固然重要，但仍小心不要過量了！

營養2：蛋白質

食物來源：雞、魚、瘦肉、蛋、奶類、大豆、海帶

足夠的蛋白質對增加乳汁分泌非常重要！特別是新生兒的第一年為快速成長

期，而蛋白質是生命物質基礎，也是身體細胞的重要組成成分。因此**哺乳的媽媽每天要比一般成人或未哺乳者（每天50公克）再增加15公克的蛋白質**；而一半以上的來源應從高蛋白質食物中獲取，例如雞、魚、瘦肉、蛋、奶類；素食者也可從大豆、海帶中攝取。這一類飲食要避免攝取過多油脂，肉品上面的皮或油脂可先去掉；內臟類食物宜少量攝取，可避免膽固醇過量。另外，蛋白質不像脂肪一樣可以儲存在身體裡，所以一次吃得太多，蛋白質不但會浪費掉也會增加腎臟的負擔。

營養3：鈣質

食物來源：牛奶、乳酪、蝦米、魩仔魚、小魚乾、海藻（如海帶、紫菜、髮菜等）、黑芝麻、黑豆、黃豆、豆乾、莧菜、芥藍菜

鈣質能供應寶寶生長發育的需求，已在成長中的小寶貝每天透過乳汁應當攝入300毫克。一旦媽媽飲食中鈣的攝取量不足時，為了維持乳汁中鈣含量的恆定，母體骨骼會釋出鈣質輸送到奶水中以供應孩子的需求，所以為了避免媽媽日後產生骨質疏鬆，每日約需攝取1000毫克。其中牛奶、乳酪、蝦米、魩仔魚、小魚乾、海藻（如海帶、紫菜、髮菜……）都是含鈣豐富的食物，黑芝麻、黑豆、黃豆、豆乾、莧菜、芥藍菜也是很理想的選擇。如果同時或餐後馬上攝取維生素C，則鈣質吸收效果會更好。

營養4：鐵質

食物來源：紅色的肉類、豬肝、鴨血、豬血、豬腰；蘋果、櫻桃、梨、香蕉、龍眼，紅毛苔；紅莧菜、紅鳳菜、紫菜、髮菜

以中醫觀點來看，含鐵的食物具有調理氣血的作用。主要存在於紅色的肉類，以及豬肝、鴨血、豬血、豬腰。水果中的蘋果、櫻桃、梨、香蕉、龍眼、紅毛苔，及紅莧菜、紅鳳菜、紫菜、髮菜……等蔬菜類，既含鐵也可攝取到維生素。不哺乳的媽媽一天15毫克，餵母奶者則要多增加30毫克的鐵質。

營養5：維生素

在哺乳期，多種維生素的攝取量都需要增加。過去傳統大多認為蔬菜、水果性質較寒不宜多吃的迷思，都有必要修正。其實，這些食物中豐富的維生素對媽媽及寶寶都很重要，維生素C還有幫助傷口癒合的作用；其他如維生素A、B群、D及菸鹼酸等等，也都能從天然食物裡獲得。

營養吃得對，
才能健康瘦。

● 維生素A

動物性食物來源有肝臟、奶油、蛋黃、魚類；以及黃綠色蔬菜如胡蘿蔔、地瓜、南瓜、芒果、蘆筍、菠菜、綠花椰。一般成年女性每天需要量為500微克，哺乳期要再增加400微克。

● 維生素B1

存在於穀類、堅果、酵母、麥片、瘦肉、肝臟、牛奶、蛋黃中。

● 維生素B2

在乳品、蛋及動物內臟（肝、腎）中含量十分可觀，植物性食物則可從深綠色蔬菜、糙米、燕麥、全麥製品，及芝麻、核桃、酵母攝取到。

● 菸鹼酸

從酵母、麥芽、糙米、魚、瘦肉、蛋、堅果及綠色蔬菜中都可獲得，同時要注意其他維生素B群的攝取，才能順利製造菸鹼酸。

● 維生素C

大多存在於綠色蔬菜及黃紅色蔬果中，如芭樂、奇異果、番茄、柑橘類水果、各色彩椒、菠菜、綠花椰中的含量都很不錯，而水果要新鮮現吃，蔬菜加熱時間盡量縮短，才能保留最多維生素C。一般成年人應攝取100毫克，哺乳期需另加40毫克。

這些食物也不可少

● 海魚的脂肪中含有DHA，牡蠣含鋅，海帶、紫菜中富含碘質，這些海產類食物對哺乳中的媽媽都很重要。

● 水分

　　以前曾有觀念認為喝水會讓產婦的肚子變大或發生水腫，而有限水一說。但其實很多產婦在月子期間會特別口渴，「渴了就喝水」是順應生理的事，同時也有助身體的新陳代謝，因此並不需要刻意限制喝水。而且湯湯水水的攝入要足夠，這與乳汁分泌量有密切的相應關係。

　　哺乳媽媽要是水分攝取不足，反而還會使奶水變少。建議每天至少要補充2000c.c. 的水分，以熬品溫水為宜，且少量、慢慢地喝，盡量不碰咖啡或濃茶。至於想避免水腫現象，則是要注意飲食不要過鹹，體內多餘的水分才能被順利排除掉。

不哺乳的媽咪，又該怎麼吃才對？

　　不準備哺乳的產婦媽媽，在營養成分攝取及熱量上，跟未懷孕之前相同即可，也就是與一般成年人需求一樣（可參照【月子期一日飲食建議量】表格）。各大類營養及熱量應平均分配在三餐當中，不要另外攝取過多的食物，像是很多月子餐一天三餐又外加2～3份點心，若是沒有飢餓感的情況下，其實沒有必要額外增加熱量；另外如我們中國人的產後聖品──「麻油雞」，熱量因為較高，同樣不用天天吃或過量食用。因為這些多出來的熱量無法像哺乳媽媽藉著乳汁被消耗掉，反而會堆積在腹部、臀部，大大影響身形。

每日飲食6大類怎麼吃？

　　月子期間每日所攝取的熱量應與消耗熱量成正比，由於這個階段的活動量一般都不會太高，因此未哺乳的媽媽飲食可參照下表以低～適度的活動強度來調整飲食；親餵寶寶者則要另外多加0.5～1份不等的食物，乳品及堅果種子類的攝取則與未哺乳者相同即可。

月子期間一日飲食建議量

	生活活動強度低	生活活動強度稍低	生活活動強度適度	生活活動強度高	哺乳期
所需熱量	1450	1650	1900	2100	+500大卡
全穀根莖類（碗）	2	2.5	3	3.5	+1
a.未精製（碗）	1	1	1	1.5	+0.5
b.精製（碗）	1	1.5	2	2	+0.5
豆魚肉蛋類（份）	4	4	5.5	6	+1.5
低脂乳品類（杯）	1.5	1.5	1.5	1.5	1.5
蔬菜類（碟）	3	3	3	4	+1
水果類（份）	2	2	3	3	+1
油脂與堅果種子類（份）	4	5	5	6	+1
a.油脂（茶匙）	3	4	4	5	+1
b.堅果種子（份）	1	1	1	1	1

★生活活動強度說明：

低 靜態活動，睡覺、靜臥或悠閒的坐著。例如：平時大多坐著看書、看電視……等。

稍低 站立活動，身體活動程度較低、熱量較少。例如：站著說話、烹飪、開車、打電腦。

適度 身體活動程度為正常速度、熱量消耗普通。例如：在公車或捷運上站著、用洗衣機洗衣服、用吸塵器打掃、散步、購物……等。

高 身體活動程度較正常速度快或激烈、熱量消耗較多。例如：上下樓梯、騎腳踏車、有氧運動、游泳、登山……等。

深綠色蔬菜可幫助傷口快癒合喔！

建議產婦可多吃的食物！

肉類	肉類含豐富蛋白質，可幫助傷口癒合，讓皮膚健康生長，建議多吃魚、雞、豬、牛肉……，是產後優質蛋白質的最佳來源！
蔬菜水果	蔬菜、水果一定要多吃，可以用來補充纖維質及維生素，尤其對產婦胃腸還沒有恢復正常蠕動者，多吃蔬菜水果可以通便。 產後第一週子宮還相當虛弱，多吃含有豐富維生素K的深綠色蔬菜可以幫助傷口癒合。
五穀根莖類	因為含有碳水化合物，可以提供身體熱量、蛋白質，幫助產婦恢復大量流失的體力。
大豆	多吃黃豆，因含有許多優質蛋白及大豆異黃酮，可抗氧化及預防骨質疏鬆，坐月子期間建議多吃這些食物。
米酒老薑	米酒、老薑具有溫補功用，平時在冬天就是常用來進補的聖品，也是坐月子必吃的食材，可以溫熱子宮和促進血液循環、增強抵抗力。
麻油	黑麻油含有亞麻油酸，可以去寒氣、滋補，而且可以抗氧化、預防癌症，是坐月子必備保養良品。

☺ 先設計菜單，坐月子沒煩惱！

在產前就準備好坐月子期間所需的中藥材，以便月子時期就能輕鬆地處理各種食補、藥膳。當然，您若不是會做菜的產婦，不妨翻閱一下坐月子食譜，相信一定可以幫助您變化出更多的新吃法。

如果是自己坐月子的媽媽，最好事先將材料分小包放好；待要煮東西時，再拿出來退冰、烹調。至於保鮮期較短的食物，則事先將菜單寫好，請先生或家人下班時幫忙採購，甚至也能事先寫好料理步驟，請先生下廚幫您製作。

坐月子期間除了「補品」受到重視外，其它食物的攝取也很重要，每天都要有新鮮、當季的蔬果，才能吃得均衡，同時預防便秘。另外，因為攝取過多鹽份會影響水分代謝，所以太鹹或醃製類的食物均暫時不宜食用。還有因產婦身體較虛弱，所以太過生冷的食物，例如：白菜、西瓜也建議暫不要吃。

從懷孕後期開始，產婦就因為水分代謝差的關係，易造成水腫現象，坐月子期間即是希望讓水分好好排除；依循民間婆婆媽媽坐月子說法，認為如果產婦一下子喝進滿肚子水，會擔心鬆弛的肚皮形成小腹，所以建議口渴時，可以採多次小口方式喝水。

另外建議親自哺餵母乳的媽媽，可分多次喝些湯湯水水的發乳食物，藉以增加泌乳量。

食物吃得夠均衡，
坐好月子沒煩惱！

怎麼吃才對？
產後第一餐，到底該

即使平時身體很健康的女性，也會在分娩的過程中因為氣血大量耗損而需要特別的照護，在坐月子期間除了多休息之外，另一個重點就是飲食的調理。

產後第一餐應選擇溫暖、易消化的食物。古人喜歡在產後馬上吃個麻油煎蛋，那是過去生活、營養條件受限的情況才如此為之；至於西方人則會習慣吃點冰淇淋、果汁、鮮奶來刺激宮縮以達到止血作用，這樣的思維和我們東方人又是完全不同了。

其實在分娩後的第一天，產婦往往會感到又興奮又疲勞，腸胃功能也較差，此時來點溫熱的無油燉品是很恰當的，尤以滴雞汁最為理想；餛飩湯、蒸蛋也不錯。若是剖腹產的，在可供餐後先食用1～2次滴雞汁，於第二天開始吃粥品（可在粥中打顆蛋花）都很好。

保養聖品－滴雞精

　　滴雞精俗稱煉雞液、煉雞丹，是中國古老、用於補虛溫中的營養聖品。最早的文字記載是唐朝的日華用黑雌雞來補養產後虛勞；之後則有馬益卿用於妊娠期養胎；到清朝的龔雲林所撰之『胎產秘書』中提到：以4～5年老母雞取湯煮粥食用可固胎。綜合前人所述，雞精可用於：

● 妊娠期：在孕吐期用以提振食欲，補充營養以防胎兒體型過小；治療產後虛勞症狀。

● 一般體虛者也適合，如歷經大病、手術、放射線療法、化療後的人。

想以古法煉製雞精者，可依照下列方式製作：

❶ 選用發育完實的老母雞，燙煮、去毛及內臟後，以乾毛巾擦拭血水（不可水洗），由腹剖開用力張開、以刀背拍打脊椎。

❷ 取一中型碗公倒蓋於12人份的電鍋內鍋中，將剖開的雞放在碗公上。

❸ 電鍋外鍋倒1杯水，開關跳起後再倒入1杯水，如此重複蒸煮6小時。

❹ 將雞取出，內鍋中的雞湯倒出、待涼冷藏，雞油結凍後即可刮除、飲雞汁（約1碗左右）。

> 現在市面上也可買到以古法煉製的滴雞精，與一般罐裝雞精不同的是，傳統滴雞精因完整保留膠質等等營養，遇冷會凝固成果凍狀，方是真品。

☺ 月子餐的菜單設計重點

　　雖然現在市面上有很多月子料理外送的服務，能提供產婦膳食的方便性。但如果能由自家媽媽、婆婆或家人來準備，便能根據自己的需要及口味再做調整。只要**提前設計餐食內容，把握重點作調養，一樣能吃得開心、補對地方！**

　　懷孕期間脹大的子宮壓迫身體的其他器官，當中也包括了腸胃，產後媽媽在胃腸的消化吸收功能上未能完全恢復，這時後如果一次吃得過多過飽，反而會增加胃腸負擔，更加損害胃腸功能。因此最好採用少量多餐的飲食方式，比較容易消化。但一天攝取的總熱量仍要注意，宜平均分配在每一餐或點心裡。

　　而月子餐要另外備製的原因，主要是為了可以更清淡的飲食，**因過鹹的食物將不利乳汁分泌，所以調味料的使用要盡量少，鹽巴甚至可以不用**；利用天然的枸杞、紅棗本身的甜味，或肉品的微鹹、蔥薑的辛香味，都能讓媽媽們既吃得營養又無負擔。

🙂 剖腹產媽媽，宜採階段性進食法

　　剖腹產的媽媽們因施行麻醉的緣故，**一般在術後6小時內都應禁食。6小時後可吃點清淡的蛋花湯及用果汁機打過的粥品……等流質食物**，容易脹氣的牛奶則先避免。待排氣後再漸漸的增加份量，並改變食物型態。

　　要順利排氣，在生產完、恢復意識後，產婦就應活動肢體；在24小時之後練習自己慢慢坐起身，並在家人陪伴下起床走動，以增加胃腸蠕動。等到無脹氣現象、排氣之後，通常是**術後的第二天，飲食便可由流質食物改成半流質**，例如粥品、魚湯等等；第三天可再進食煮得較軟的飯類、麵條及蔬菜料理，若是排便正常則可恢復成一般飲食，但是難以消化或是過於油膩的雞湯、燉品都要避免。

　　另外要注意，無論是自然產或剖腹產，加有酒類的食物如麻油雞酒，最好等生產完一兩週、傷口復原後再吃較好，以免引起發炎反應。

哺乳媽媽的營養攝取方式

　　母乳的主要成分是脂肪、蛋白質和碳水化合物，其來源雖並非全仰賴母親所吃的食物，但如果餵乳期間媽媽的飲食狀況不好，乳汁缺乏營養，會直接影響嬰兒的生長發育與健康，同時也無法維護自己本身的細胞代謝健康。

　　許多媽媽產後第一個浮現的念頭就是減肥，其實會造成生育性肥胖，主要是因為在孕期及新產時吃多了高脂肪、高熱量的飲食。那到底該怎麼吃才能兼顧呢？**可選擇高蛋白、低脂肪的食物，例如兼有發奶功效的烏賊、鯽魚、鱸魚、蝦子等等**；避免吃進過多的油脂，像是少用油炸、油煎的烹調方式；各式蒸燉的湯品也很理想，味道鮮美又容易吸收，對乳汁分泌也有好處。

　　至於媽媽在哺乳時，又有哪些飲食禁忌呢？

避吃刺激性的食物

　　例如大蒜、洋蔥、巧克力及辛辣之物，會讓乳汁中含有該種食物的味道。而太過酸辣的食物，會影響情緒及睡眠，少吃為宜。

蛋類食物不宜過多

　　雖然蛋類是很優良的食物，但貿然食用過多蛋品，不但產婦會失去胃口，體內的膽固醇也有增高的風險；一天以1～2顆為宜。

避免過度吃補

　　不須過度進補，吃得太補將有礙水分及惡露的排除，補品最好在血性惡露結束後再服用。

小心清洗

植物中附著的殺蟲劑，會不可避免的進到乳汁中，清潔時要特別注意，洗潔劑的使用也要小心

其他注意事項

切忌吸菸、喝酒；服用藥物時，必須經過醫師處方；應限制咖啡因的攝取，以每天一杯咖啡或兩杯茶為限；要避開食物中的化學物質，如糖精、醃漬食品；不吃生的、未煮熟的食物。

☺ 素食者該怎麼調理月內飲食？

和吃葷食的人一樣，**素食媽媽在產後也應服用5～7帖生化湯**；也可用麻油爆薑、加素雞或素肉作成「素食麻油積」。**海帶、髮菜為高蛋白食物，可多多用來加進飲食中**，例如髮菜加素肉或素火腿、香菇、黃豆芽作成羹食，蛋奶素者可加蛋，不吃蛋的人可以豆腐腦替代，加點薑絲可讓料理更具溫補作用。

蔬菜方面，可選擇紅蘿蔔、小黃瓜、A菜、紅莧菜、紅鳳菜、菠菜、高麗菜、花椰菜、玉米及豆類，皆可加點麻油及薑一起拌炒；若有口苦、便秘現象的，就是飲食太燥熱了，可不使用麻油及薑，改用苦茶油即可。

另外像是酒釀煮蛋、羅漢齋（以高麗菜、番茄、菇類、白果熬煮），都很適合。除了較寒涼的西瓜、梨子及易引發過敏的芒果盡量少吃外，其他大多都可放心食用。而偏熱性的榴槤，體寒者或剛生產完可以吃一點，一般人最好少吃，以免引起燥熱。

至於要哺乳的媽媽，可用葫蘆瓜、黃豆芽、花椰菜、彩椒、紫甘藍、絲瓜、毛豆、西洋芹、青木瓜及水各適量一起熬煮，即為素食催乳湯。

5星級調養菜單

坐好月子，健康一輩子！月子膳食怎麼烹調，食材如何選擇，才能保證產後媽
咪吃得豐富又均衡，奶水多多，寶寶還能頭好壯壯？

修護身體的大事就交給專業的婦科醫師吧！最適合媽咪的30天健康菜單，讓妳
享用美味營養兼顧的月子餐，SO EASY！

Day 1
- **早餐** 豬肝薏仁粥
- **午餐** 燕麥飯／當歸黃耆雞湯／皇宮菜炒肉片／蘆筍
- **晚餐** 地瓜飯／黑豆豬腳湯／蕃茄燒豆包／高麗菜
- **點心** 枸杞桂圓紫米粥

Day 2
- **早餐** 枸杞鱸魚粥
- **午餐** 胚芽米飯／杜仲腰花湯／麻油荷包蛋／薑香南瓜
- **晚餐** 十穀飯／金針燉排骨／家常豆腐／A菜
- **點心** 芝麻糊

Day 3
- **早餐** 雞茸玉米粥
- **午餐** 薏仁飯／當歸鱸魚湯／菠菜炒豬肝／鮮菇青江菜
- **晚餐** 百合白果飯／十全排骨湯／蛤蜊蒸蛋／枸杞高麗
- **點心** 銀耳蓮子甜湯

Day 4
- **早餐** 豬肝麵線
- **午餐** 紅麴飯／山藥香菇雞／洋芋肉片／干貝綠花椰
- **晚餐** 南瓜飯／天麻蓮藕湯／洋蔥炒蛋／地瓜葉
- **點心** 四神豬腸湯

Day 5
- **早餐** 小米粥／腰花炒川七
- **午餐** 芝麻飯／當歸黃耆蝦湯／番茄燴肉片／芥藍菜
- **晚餐** 茶油肉絲麵線／青木瓜燉排骨／腰果毛豆蝦仁
- **點心** 紅豆燕麥粥

Day 6
- **早餐** 蘑菇莧菜小魚粥
- **午餐** 紫米飯／薑絲豬肝湯／三色蔬菜炒蛋／白果四季豆
- **晚餐** 南瓜糙米飯／四神燉小排／照燒牛蒡絲／綠花椰
- **點心** 花生牛奶

Day 7
- **早餐** 當歸肉絲糙米粥
- **午餐** 五穀飯／蓮藕燉豬腳／青蒜炒雞丁／皇宮菜
- **晚餐** 胚芽米飯／大棗豬肝湯／當歸蒸蝦／青江菜
- **點心** 桂圓糯米粥

Day 8
- **早餐** 蔥香麵線／麻油荷包蛋
- **午餐** 地瓜糙米飯／山藥排骨湯／西芹炒雞片／紅鳳菜
- **晚餐** 百合蓮子飯／黃耆鯽魚湯／滑蛋螃蟹／鮮菇高麗菜
- **點心** 酒釀蛋花

Day 9
- **早餐** 玉米排骨粥
- **午餐** 紅豆飯／百菇燉雞腿／蒜苗炒鮑片／青江菜
- **晚餐** 芝麻飯／十全藥燉排骨／鮮蝦粉絲煲／地瓜葉
- **點心** 芋香紫米粥

Day 10
- **早餐** 麻油腰子麵線
- **午餐** 燕麥飯／花生燉豬腳／彩椒牛肉片／紅莧菜
- **晚餐** 黃豆飯／蓮子竹笙雞湯／清蒸鱸魚／紅蘿蔔炒蛋
- **點心** 黑糖地瓜湯

Day 11
- **早餐** 香菇肉絲五穀粥
- **午餐** 玉米雜糧飯／歸耆鮮魚湯／枸杞菠菜牛肉絲／油菜
- **晚餐** 白果糙米飯／金針排骨湯／黑芝麻豆腐／芥藍菜
- **點心** 紅棗蓮子粥

Day 12
- **早餐** 香菇西芹魚片粥
- **午餐** 地瓜紫米飯／麻油雞湯／蘑菇炒肉絲／蘆筍
- **晚餐** 桂圓飯／紅棗牛腩／清蒸鮮蝦／A菜
- **點心** 茶碗蒸

Day 13
- **早餐** 番茄鮮菇麵線
- **午餐** 五穀飯／當歸黃耆鱸魚湯／蝦仁蒸蛋／枸杞川七
- **晚餐** 胚芽米飯／栗子燉雞／紅鳳菜炒豬肝
- **點心** 四物藥燉排骨

Day 14
- **早餐** 花生紫米粥／枸杞蒸蛋
- **午餐** 南瓜飯／山藥紅棗烏骨雞／破布子蒸魚／芥藍菜
- **晚餐** 紅麴飯／歸杞排骨／甜豆百合炒肉片
- **點心** 紅豆湯

Day 15
早餐 鮮蔬清燉牛肉麵
午餐 紅麴飯／核桃煲豬肚／蔥花蛋／皇宮菜
晚餐 芝麻飯／青木瓜魚湯／蘑菇燒豆腐／波菜
點心 地瓜小湯圓

Day 16
早餐 蓮子雞丁糙米粥
午餐 五穀飯／枸杞香菇雞／乾煎霜降肉（豬頸肉）／
洋蔥炒四季豆
晚餐 燕麥飯／芡實山藥排骨／紅蘿蔔炒蛋／青江菜
點心 桂圓銀耳羹

Day 17
早餐 海鮮烏龍麵
午餐 胚芽米飯／番茄鱸魚湯／洋蔥炒牛肉片／干貝高麗菜
晚餐 地瓜飯／四物燉雞腿／橄欖油拌雙菇／松子拌芥藍
點心 八寶粥

Day 18
早餐 麻油荷包蛋麵線
午餐 紅豆燕麥飯／黃豆燉豬腳／蝦仁蒸蛋／青江菜
晚餐 南瓜薏仁飯／薑絲鮮魚湯／甜豆仁炒雞絲／
蒜炒美生菜
點心 燕窩燉雞湯

Day 19
早餐 雞肉時蔬五穀粥
午餐 黑豆飯／杜仲燉豬腰／麻油蝦／地瓜葉
晚餐 芋香飯／四神豬肚湯／洋蔥番茄肉片／油菜
點心 酒釀蛋花湯

Day 20
早餐 鮭魚粥／九層塔蛋
午餐 牛蒡飯／青木瓜魚湯／四季豆炒鮮魷／川七
晚餐 紫米飯／百合蓮子雞／腰果蝦仁／高麗菜苗
點心 玉米濃湯

Day 21
早餐 香椿麵線／猴頭菇燉腰果
午餐 黃豆飯／鮑魚燉雞／鮮菇燴冬瓜／綠花椰
晚餐 桂圓飯／鮮魚湯／麻油豬肚／百合蘆筍
點心 紅豆蓮子湯

Day 22
早餐 菠菜吻仔魚粥
午餐 南瓜飯／參耆烏骨雞湯／金針菇炒肉絲／高麗菜
晚餐 燕麥飯／枸杞鯽魚湯／麻油煎蛋／西芹炒百合
點心 薏仁紫米粥

Day 23
早餐 杜仲腰花麵線
午餐 糙米飯／當歸生薑羊肉湯／紫山藥蒸蛋／Ａ菜
晚餐 地瓜飯／藥燉排骨／甜豆炒蝦仁／雙色花椰
點心 紅豆薏仁甜湯

Day 24
早餐 香菇瘦肉蓮子粥
午餐 十穀飯／八珍燉排骨／韭黃滑蛋牛肉／芥藍菜
晚餐 桂圓飯／百菇雞湯／麻油豬心／薑香四季豆
點心 芝麻糊

Day 25
早餐 蔥拌麵線／薑絲虱目魚湯
午餐 紅麴飯／山藥燉雞／黑木耳炒肉絲／皇宮菜
晚餐 黃豆飯／四物蝦湯／蹄筋燴烏參／地瓜葉
點心 紫米粥

Day 26
早餐 滑蛋牛肉粥
午餐 枸杞糙米飯／首烏雞湯／菠菜炒豬肝／紅鳳菜
晚餐 紅薏仁飯／黑豆燉豬腳／薑味肉片／
金菇炒西芹
點心 紅棗白果粥

Day 27
早餐 什錦海鮮麵
午餐 胚芽米飯／藥膳燉豬心／九層塔蛋／油菜
晚餐 紫米飯／薏仁雞湯／烤鮭魚／芝麻菠菜
點心 紫菜餛飩湯

Day 28
早餐 四神排骨糙米粥
午餐 紅豆飯／蟲草益氣鴨／烤香魚／洋蔥炒彩椒
晚餐 鮭魚拌飯／丹蔘豬肝湯／紅燒豆腐／麻油川七
點心 花生牛奶

Day 29
早餐 苦茶油拌麵線／杜仲腰花湯
午餐 南瓜飯／十全雞湯／香煎鮚魚／清蒸高麗菜
晚餐 糙米飯／薑絲炒墨魚／肉骨茶包燉排骨／
清炒Ａ菜
點心 核桃奶酪

Day 30
早餐 長壽粥
午餐 薏仁飯／鱸魚湯／炒麻油腰花／韭菜炒豆乾
晚餐 紅豆飯／菠菜豬肝湯／薑絲炒牛肉／清蒸時蔬
點心 酒釀蛋

飲食原則
產後30天的

月子間的調理飲食，無論是一般食物或中藥補品，都應採階段式也就是分成4週來安排；而非整個月子中都來上一鍋麻油雞或老是喝生化湯。由於產後身體的恢復狀況及吸收營養的能力多少有些不同，必須根據身體的需要及狀態攝食。產後4週的飲食重點如下：

產後第一週飲食重點：
將惡露排盡，避免過度進補

開始坐月子的第一週，隨著惡露的排出，飲食上也必須**以祛瘀生新為主，例如生化湯、豬肝料理都是很理想的藥膳**；生化湯可加肉品同煮，不想吃肉的單喝藥湯也可以。特別要注意，產後的這7天內除非有醫師處方，否則不可輕易服用人參、鹿茸……等補藥。

為何要喝生化湯

生化湯的最大作用在幫助子宮收縮及排除惡露，不過若要完整達到卵巢、子宮與筋骨修復，必須在幾帖生化湯之後，轉服補氣血、健脾、補腎的藥物，才算完整。

只不過產婦要注意，若有子宮異常出血、胎盤植入、嚴重腹痛、發燒、發炎、惡露黏稠、味道不佳等等狀況出現時，千萬不能服用；因為若是繼續服用傳統生化湯，將會導致傷口痊癒困難，此時應速請醫師視情況減量或另外開立處方，以免讓情況變得更糟。

菠菜豬肝湯

材 料
粉肝2兩，菠菜100公克，枸杞1小匙，蔥1支，薑2片，冷壓麻油少許。

做 法
STEP 1 豬肝切片；蔥均洗淨、切小段；菠菜洗淨後，切成小段備用。

STEP 2 鍋中倒水或高湯500c.c.，加枸杞煮滾，再加其餘材料再次煮滾，起鍋前滴入冷壓麻油即可。

★菠菜亦可以新鮮百合替代，對產後感冒或肺虛咳嗽者有療效。

★豬肝鐵質含量多，加上豬肝富含蛋白質，對於產後補血功效極大。在中醫學上，著重補肝明目、補益血氣之效。主治夜盲、目花、視力減退、面黃、貧血……等症。但是脾虛、泄瀉者不宜多吃。

功 效
補血、補虛、防脫髮。

百菇雞

材料

薑1小塊，烏骨雞腿1隻，香菇、鴻禧菇適量（或其他菇類皆可），冷壓麻油少許。

做法

STEP 1 薑切片；烏骨雞腿切塊，汆燙、以冷水洗淨雜質；菇類材料略微沖洗，切適當大小。

STEP 2 薑與雞塊入鍋，加高湯淹過以中大火煮滾，轉小火燉煮至熟，再加菇類煮熟，熄火，淋上麻油即可。

★老薑是中國人坐月子必備的食材，不僅溫熱、補血，還能幫助子宮收縮、促進組織修補。

功效

菇類高纖、低熱量，加入雞肉一起熬煮，有助提高免疫能力，具滋補、強壯作用。

天麻蓮藕湯

材料

蓮藕1節，天麻、枸杞子各1錢，排骨5塊，白木耳3朵，薑2片。

做法

STEP 1　蓮藕洗淨，去皮，對半切開再切小片，放入水中加1小匙白醋浸泡。

STEP 2　排骨放入滾水汆燙、去血水，以冷水沖洗雜質；白木耳泡軟，去蒂、撕成小朵。

STEP 3　蓮藕、天麻、排骨、薑片入鍋，倒600c.c.高湯或水大火煮滾，放入電鍋隔水燉煮至排骨軟爛，加入白木耳及枸杞子再煮10分鐘即可。

★若為剖腹產者，可將白木耳改為海帶、切成約3公分長絲狀，與蓮藕一同入鍋熬煮。

功效

適合產後因出血多，容易頭目暈眩、臉色蒼白……等氣虛者食用。

山藥鮮藕排骨

材料
新鮮山藥、蓮藕各1節，排骨300公克，蔥2支，薑3片，薏苡仁3錢。

做法

STEP 1 山藥去皮，切片，加水浸泡避免變色；薏苡仁先浸泡6小時；蓮藕去皮，切片，放入水中加1小匙白醋浸泡。

STEP 2 排骨汆燙去血水，以冷水沖洗雜質；蔥切段。

STEP 3 雞腿、蓮藕、蔥段、薑片、薏苡仁入鍋，倒入淹過材料的高湯以大火煮滾，撈除浮沫，轉小火再煮30分鐘，起鍋前加入山藥略煮一下即可。

★山藥有補氣益腎、改善腸胃功能不佳、提高免疫力的功效。

功效
產後可補虛、固元氣，亦有健脾之效。

燕窩銀耳湯

材料
即時燕窩1大匙，雜糧飯1/2碗，豌豆、紅蘿蔔絲各1大匙。

做法
STEP 1 電鍋內鍋放入雜糧飯、豌豆及紅蘿蔔絲，外鍋倒半杯水煮至開關跳起。
STEP 2 食用時再加入即時燕窩即可。

功效
補虛、滋陰，含有豐富的膠原蛋白，是理想的養顏、美膚及潤肺料理。

奇異粥

材料

奇異果1顆，薏苡仁3兩，枸杞子10
粒。

做法

STEP 1 奇異果去皮，切丁；薏苡仁洗
淨，浸泡4小時，瀝乾。

STEP 2 薏苡仁入鍋加3杯水以大火煮
滾，轉小火熬煮40分鐘，加入奇異果及枸杞子攪拌均勻即可。

功效

奇異果有清熱、健胃及增加免疫力的功效。此道食譜適合產後倦怠者，
能補虛、益氣力。

松子粥

材料

松子仁、白米各50公克，紅棗（去
籽）12粒。

做法

STEP 1 白米淘洗乾淨，與紅棗入鍋，加
1.5杯水熬煮成粥。

STEP 2 松子放入研磨缽搗成粉末狀，灑於
紅棗粥上即可。

功效

可補虛、滋養津液，具滑腸功效。產後體力虛弱、頭暈
目眩、肺燥咳嗽或有便秘現象者均適合。

黑芝麻豆腐

材 料

嫩豆腐1/2塊，黑芝麻醬1大匙，薑末
少許。

做 法

STEP 1 嫩豆腐切塊，放入滾水快速燙
過，撈出、瀝乾。

STEP 2 撒上薑末、淋黑芝麻醬即可。

功 效

可滋養肝腎、潤燥滑腸；富含鈣質，能
強壯筋骨。

枸杞蒸蛋

材 料

枸杞葉1把，雞蛋2顆，枸杞子3粒，白果2粒。

做 法

STEP 1 枸杞葉去梗，取葉片部份加200c.c.水煮成湯汁。

STEP 2 雞蛋打散，加入枸杞葉湯汁攪拌均勻、過濾倒入碗中，
加上枸杞及白果入電鍋蒸熟即可。

STEP 3 燙煮過的枸杞葉，亦可加少許鹽、醋、麻油涼拌食用。

功 效

可清心、潤肺、明目，產後有視力模糊、皮膚乾燥、眼睛乾澀症
狀者皆適用。

蘑菇炒肉絲

材料

蘑菇150公克，肉絲1大匙，薑末1/2大匙。

調味料

鹽少許

做法

STEP 1 蘑菇稍微沖洗，切薄片。

STEP 2 少許油熱鍋，爆香薑末，放入蘑菇片及肉絲炒熟，起鍋前加鹽調味即可。

功效

可健脾補血，對孕婦、產婦皆有溫補的功效。

產後第二週飲食原則：
促進子宮收縮，滋補氣血

本週應以補血或調養腸胃、幫助收縮子宮為主，可視產婦狀況做調整。如有手腳腫脹、出汗多、腸胃功能不好的，可以調養腸胃為先；生產時出血量多，或產後惡露量多，有頭暈、眼花、乳汁較少者，則以補血為主。另外可多吃優質蛋白，如魚、羊、牛、豬肉皆可。

媽咪的身體狀況

讓子宮良好收縮，在此時更顯重要，所以可能影響產後子宮收縮的食物都應該避免。另外對於部分產後傷風感冒、痔瘡發炎、乳腺阻塞的媽媽，補品若太過燥熱，吃了可能會有「火上加油」的效果。

飲食重點

會陰部有傷口，有些產婦怕用力扯到傷口，產後有便秘現象，此時應該多吃蔬菜攝取纖維，水分的補充也不應忽視，避免脫水及便秘。此階段的飲食重點主要為促進乳汁分泌，補血以及通便、恢復體力等等。

為什麼痘子一直冒不停？

一般說來，坐月子服用的補品若是太過燥熱，加上產婦若本就屬於燥熱的體質，在這樣的情況下，產婦自然會有一吃就上火的效果！產婦進補還是要參考個人體質，若進補後會有口乾舌燥，甚至臉上長出痘子的情況，就要注意是不是補得太過了。

固氣湯

材 料

黨蔘、黃耆各1兩，陳皮2錢，豬前蹄1隻，生薑5錢。

做 法

STEP 1　豬蹄洗淨，放入滾水燙除腥味；生薑切片。

STEP 2　所有藥材沖洗乾淨，與豬蹄、薑片均入鍋，加入
500c.c.高湯煮滾，改小火煮至豬蹄軟爛即可。

★黃耆、黨參等都有很好的抗氧化效果，可幫助產後受損細
胞的修復。

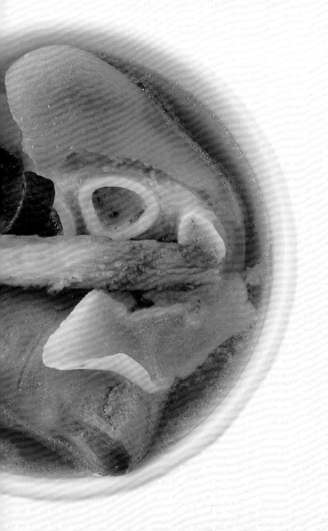

功 效

配方中的藥材具有益氣、固氣、提氣
的功效，加上養陰、補虛的豬蹄，可
達到陰陽氣血雙補的作用，適合產後
氣脫血暈者（生產時因失血過多而產
生頭目昏暈、噁心欲嘔⋯⋯等）。

補虛湯

材 料

北耆、黨蔘、紅棗（去核）各2錢，新鮮山藥1兩，雞腿1隻，米酒水（或高湯）適量。

做 法

STEP 1 雞腿切塊，入滾水汆燙去除血水，以冷水沖洗雜質；山藥去皮，切片、放入水中浸泡以防變色。

STEP 2 北耆、黨蔘與米酒水入鍋煮滾，轉小火煮30分鐘，加入紅棗及雞腿煮至肉熟，再加山藥略煮即可。

功 效

補氣、生津養血，並可改善體質、增強抵抗力。

有效改善
媽咪體質唷！

補血山藥湯

材料

台產新鮮山藥2兩，紅蘿蔔片2根，新鮮蓮子、枸杞子各10粒，薑、當歸各2片，肉片100克。

做法

STEP 1 新鮮山藥去皮，切薄片，放入水中浸泡避免變色。

STEP 2 紅蘿蔔切片。

STEP 3 鍋中倒入高湯煮滾，依序放入、紅蘿蔔、豬肉、蓮子、薑片以大火煮滾，轉小火煮20分鐘。

STEP 4 最後加入當歸、枸杞及山藥煮滾後即可。

★有加入紅蘿蔔燉煮的藥膳不宜再加酒料理。

功效

滋陰潤燥、健脾胃、助消化，並能滋補腎氣、養血。

麻油雞

材料

麻油少許，生薑1小塊，雞腿1隻（或1/4隻雞）。

做法

STEP 1 生薑切片；雞腿切塊。

STEP 2 麻油入鍋爆香薑片，放入雞塊同炒至雞皮變色（鎖住甜味），再加可淹過材料的米酒水（或全酒或半水半酒）煮滾。

STEP 3 再放入電鍋燉煮至熟即可。

功效

益肝腎、滋潤五臟、止痛，有助收縮子宮、排除惡露。

花生紫米粥

材料

花生1兩，紫米2兩，紅棗（去核）15粒。

做法

STEP 1 紫米、花生輕輕淘洗乾淨，紫米加水浸泡6小時、瀝乾。

STEP 2 花生加水浸泡1晚，瀝乾，放入冰箱冷凍至結凍。

STEP 3 所有材料入鍋加適量水，放入電鍋熬煮至軟綿即可。

功效

具補血、發奶安神作用。

山蓮葡萄粥

材料

新鮮山藥、鮮蓮子各2兩，葡萄乾1兩。

做法

STEP 1　新鮮山藥去皮，切滾刀塊，加水浸泡。

STEP 2　鮮蓮子沖洗乾淨，放入鍋中加2杯水燜煮至熟軟，加入葡萄乾及山藥再煮5分鐘即可。

功效

補脾、養心、補血，產後有乏力倦怠者可食用；此品亦適合懷孕女性安胎用，山藥不可久煮，否則功效全失。

安神粥

材料

黨蔘1兩，紅棗10粒，茯神、麥門冬各3錢，米酒水300c.c.，圓糯米100公克。

做法

STEP 1　所有藥材洗淨，入鍋加500c.c.水煮至剩100 c.c.的藥汁，濾渣。

STEP 2　糯米洗淨，加藥汁及米酒水熬煮成粥即可。

功效

可養血安神，適用產後心悸、失眠，或有健忘、多夢困擾的產婦。

黨蔘棗仁粥

材料

黨蔘1兩，茯苓粉、酸棗仁、紅棗各3錢，紫米50公克。

做法

STEP 1 黨蔘、酸棗仁、紅棗洗淨，加500c.c.水煮至入味，濾渣。

STEP 2 紫米輕輕淘洗乾淨，加水浸泡6小時、瀝乾，與做法1.藥汁入鍋熬煮成粥，起鍋前加茯苓粉拌勻即可，亦可調理機略微攪打至均勻。

功效

可補脾益氣、養心安神、益陰斂汗，產後有失眠、多汗、心悸、煩燥者適合食用。

桑椹汁

材料

新鮮桑椹1200公克，蜂蜜300公克。

做法

STEP 1 將桑椹表面雜質沖洗乾淨，置於陰涼處風乾，入鍋加少許水邊煮邊攪拌，煮至出汁。

STEP 2 濾出桑椹汁，另加入蜂蜜熬煮至濃稠，待涼後裝瓶、冷藏。

STEP 3 飲用前取出、加入適量溫水拌勻即可。

功效

滋養肝腎、補益氣血，適用產後有血虛症狀的媽媽們。

木耳燒豆腐

材料

黑木耳2朵，豆腐1塊，薑3片，高湯250c.c.。

調味料

鹽、糖、醬油、香油各少許。

做法

STEP 1 豆腐洗淨，切厚片；黑木耳略微沖洗，切絲。

STEP 2 薑片、豆腐及高湯入鍋以中火煮滾，轉小火煮15分鐘，加入黑木耳及鹽、糖、醬油再次煮滾，淋上香油即可。

功效

能生津潤燥、清熱解毒，是一道高蛋白、低脂肪，有助增加抵抗力的營養料理。

產後第三週的飲食重點：
滋補氣血，預防產後身體老化

　　如果第二週著重於補養氣血，則木週要以腸胃調整為主；假如前一週是採補血飲食的人，本週則應著重在調補腸胃上。過於燥熱的料理仍不宜多吃，蔬菜水果的補充也很重要。同時可以加入能補養腰膝的藥膳，如杜仲，幫助強化腰骨並補養氣血。

當歸生薑羊肉湯

材料

當歸、生薑各3錢，羊肉3兩，
蔥段10克。

調味料

鹽、香油、料酒各少許。

做法

STEP 1 羊肉洗淨，切塊，與當歸、生薑，加少量料酒及水一同燉煮至熟軟。

STEP 2 最後加調味料略煮一下即可。

功效

羊肉性溫，可補氣養血、溫中散寒。當歸性溫味甘，可補血、活血，產後最宜。生薑溫中和胃。以上三者合用，可溫中補血、止痛去寒，無論自然產或剖腹產皆宜。

可緩解
產後便秘喔！

玉參鴨

材 料

玉竹、沙參各1兩，公鴨1/4隻，蔥2支，薑3片。

做 法

STEP 1 鴨洗淨，切塊；蔥洗淨，切絲；藥材洗淨。

STEP 2 除蔥絲以外的所有材料放入砂鍋煮滾，轉小
火燜煮1小時，熄火後加蔥絲即可。

功 效

非常適合產後有便秘困擾的媽媽們食用。

烏骨雞湯

材 料

白毛烏骨雞1/4隻，沙參1兩、枸杞子、紅棗各3錢。

做 法

STEP 1 烏骨雞切塊，汆燙，以冷水沖洗雜質；
其餘材料洗淨。

STEP 2 全部材料入鍋，加500c.c.米酒水煮滾，
轉小火煮至雞肉軟爛即可。

功 效

雞肉當中以烏骨雞為上品，可提高人體機能，
防止骨骼疏鬆，補肝腎不足。非常適合產後有
血虛現象、脾胃不健者食用。

紫米粥

材料

紫米2兩，紅棗5個，薏仁、桂圓肉1大匙，米酒水適量。

做法

STEP 1 紫米、薏仁輕輕淘洗乾淨，加水浸泡6小時。

STEP 2 將紫米瀝乾，與米酒水放入鍋中煮滾，轉小火熬煮成粥，加入桂圓、紅棗再煮5分鐘即可。

功效

紫米及桂圓都是傳統上常見的補血食材，對產後體虛、氣血不足者很有幫助，是道暖胃的滋養點心。

核桃煲豬肚

材料

豬肚1個，核桃、淮山各2兩，枸杞子2錢，薑1片，桂圓肉1錢。

做法

STEP 1 豬肚洗淨，入滾水汆燙、刮除黏液，或用啤酒揉洗。

STEP 2 將所有材料放入鍋中，倒入淹過材料的米酒水（或高湯），隔水蒸燉至豬肚軟爛可食，起鍋前可加少許鹽調味。

功效

對產後便秘有療效。

四神湯

材料

豬肚1/2個，淮山、茯苓、蓮子、芡實各3錢，胡椒少許。

做法

STEP 1 豬肚洗淨，入滾水汆燙、刮除黏液；藥材洗淨。

STEP 2 全部材料放入電鍋，倒入淹過材料的水，蒸煮至豬肚軟爛可食。

功效

適合產後腸胃功能差、常腹瀉，或體瘦、倦怠乏力，想減肥者。

山楂核桃飲

材料

核桃5兩，山楂2兩，紅棗（去核）30粒。

做法

STEP 1 核桃壓碎，加150c.c.水煮開；山楂去核，加50c.c.水煮30分鐘。

STEP 2 紅棗加5碗水煮至入味，加入做法1.的核桃水、山楂水再次煮滾即可，放入調理機中攪打均勻，可分6次飲用。

功效

可補血、健脾、益智。

山藥紅棗粥

材 料

紅棗（去籽）8錢，新鮮山藥1小段（約5公分），白米100公克。

做 法

STEP 1 紅棗加溫水泡軟、洗淨；山藥去皮，切丁，加水浸泡。

STEP 2 白米淘洗乾淨，加紅棗及3杯水熬煮成粥，再加山藥丁再次煮滾即可。

功 效

有補虛益氣、健脾和胃之效，適合產後腸胃功能欠佳者食用。

產後腸胃
功能差，
可食用喔！

清炒牛蒡

材 料

牛蒡1/2根，豬肉絲150公克，黑白芝麻少許，日式照燒醬1大匙。

做 法

STEP 1 牛蒡去皮，刨成絲狀，加水浸泡。

STEP 2 鍋中倒少許油，爆香豬肉絲，放入瀝乾的牛蒡絲略炒，再加照燒醬炒勻，撒上芝麻即可。

功 效

清熱、補腎，具有滑腸的作用是來自它所含有的寡糖及膳食纖維，有保健腸胃的好處。

香拌金針菇

材料
金針菇1包，紅蘿蔔、芹菜各20公克，大蒜片3片。

調味料
醋、鹽、香油各少許。

做法

STEP 1 金針菇切除根部、沖洗乾淨；紅蘿蔔去皮，切絲，芹菜洗淨，去除葉子，切段備用。

STEP 2 分別用滾水汆燙金針菇、芹菜及紅蘿蔔絲，瀝乾，加入蒜片及調味料拌勻即可。

功效

 補腎、有益腸胃，金針菇黏滑的口感是因為含有豐富的多醣體，有活化免疫功能的作用。

甜豆蝦仁

材料

蝦仁3兩，甜豆仁半斤，雞蛋1個，蔥1支，薑1片，高湯、枸杞各少許。

醃料

鹽、胡椒粉、料酒各少許，蛋白1個。

做法

STEP 1 甜豆仁洗淨，放入滾水汆燙，撈出、瀝乾；蔥、薑均切末，雞蛋打入碗中拌勻。

STEP 2 蝦仁從背部切一刀，挑除腸泥、洗淨，用廚房紙巾擦乾水分，加入醃料抓勻，醃約10分鐘，放入熱油鍋中快速過油，瀝乾。

STEP 3 鍋中留少許油，爆香蔥末及薑末，放入甜豆仁、枸杞及蝦仁、淋入高湯快炒均勻即可。

功效

甜豆及蝦仁都含有豐富的蛋白質，且清淡爽口易消化，還能促進乳汁分泌、整腸健胃。

巴西蘑菇雞

材料

巴西蘑菇8朵，雞腿1隻，新鮮蓮子5粒，薑、川芎各3片，當歸1片，枸杞子10粒，米酒水500c.c.，冷壓黑麻油少許。

做法

STEP 1 雞腿切塊，入滾水汆燙，以冷水沖洗雜質；巴西蘑菇加水泡開。

STEP 2 雞塊入鍋加米酒水煮至雞腿熟軟，加入巴西蘑菇及蓮子煮熟，再加洗淨藥材煮滾，起鍋前滴入黑麻油即可。

功效

巴西蘑菇含有豐富的多醣體，對增強免疫力有好處。

長壽粥

材料

白米50公克，茯苓粉、枸杞各10公克。

做法

STEP 1 白米洗淨，入鍋加2杯水熬煮成粥。

STEP 2 加入枸杞子略煮一下，起鍋前再加茯苓粉拌勻即可。

功效

整腸、健脾，延年益壽。

產後第四週飲食原則：
調整內分泌，提高新陳代謝

最後一週的月子飲食要特別強調補腎，使臟器得以歸位，改善肌肉彈性，並恢復原來的內分泌功能。另外，還要注意骨盆腔及子宮韌帶的修復，好為再復出上班及恢復正常生活做準備。

麻油腰花

材 料

腰花1副，菠菜50公克，生薑1小塊，蔥1支，麻油、枸杞各少許。

做 法

STEP 1 腰花剖開、去筋膜，切花（可請肉販代為處理），置於漏勺內，將煮沸的滾水均勻淋在腰花上至變色。

STEP 2 菠菜洗淨、切段；蔥切段、薑切片，以麻油爆香，放入腰花快炒變色至無血水流出，再加入菠菜炒熟即可。

功 效

益氣力、堅筋骨、潤燥消腫，且可補養腎氣。

蟲草益氣鴨

材 料

鴨1/4隻，冬蟲夏草、枸杞子、八角薑片各1錢，淮山5
錢，料酒、麻油各1大匙。

做 法

STEP 1 鴨肉切塊，汆燙去血水，撈起沖涼、洗去雜質。

STEP 2 藥材洗淨，與鴨肉、料酒及薑片均放入燉盅，
隔水蒸燉2～3小時，取出後淋上麻油即可。

★不喜八角味道者亦可不加。淮山即山藥，為中藥材
的一種，可至中藥房購買。

功 效

滋腎、潤肺，還有補益精血之效。

枸杞黑豆大骨湯

材 料

枸杞子5錢，黑豆1兩，何首烏、陳皮各2錢，豬脛骨1付。

做 法

STEP 1 豬脛骨入滾水汆燙去血水，以冷水沖洗雜質。

STEP 2 其餘所有材料洗淨，放入鍋中加水淹過煮滾，轉小火燉煮2小時，再加入少許白醋，易使鈣質釋出。

STEP 3 將湯汁及黑豆倒出，待涼、入冰箱冷藏，刮除油脂，食用前加熱即可。

★此湯底亦可加入其他喜愛的配料一同煮熟食用。

功 效

脛骨是造血的材料，食用後能補益人體氣血，加入黑豆及何首烏還有長髮、烏髮之效。

干貝雞

材料

干貝2粒，香菇2～3朵，甜豆仁1大
匙，川芎2片，枸杞子1小匙，當歸
1片，高湯（或米酒水）600c.c.，雞
肉200克，冷壓黑麻油少許。

做法

STEP 1 雞肉入滾水汆燙，以冷水沖洗雜質；干貝加水泡開；
香菇泡軟，切丁。

STEP 2 做法1.材料入鍋，倒入高湯煮至雞腿熟軟，加入洗淨的
藥材及甜豆仁再次煮滾，起鍋前滴入黑麻油即可。

功效

富含蛋白質，能溫中益氣、補腎添髓。

淮山魚鰾瘦肉湯

材料

魚鰾5錢，排骨4兩，淮山2兩。

做法

STEP 1 魚鰾加水泡發；排骨汆燙，以冷水沖
洗雜質。

STEP 2 所有材料入鍋加米酒1500c.c.（或
水）大火煮滾，轉小火煲2小時即可。

功效

滋陰補腎，產後有口乾舌燥、倦怠乏力者可食用。

多吃烏髮粥，
頭髮不脫落！

烏髮粥

材 料
紫米2兩，黑豆1兩，黑芝麻5錢，紅棗（去核）10粒，紅糖少許。

做 法
STEP 1 紫米、黑豆輕輕淘洗乾淨，加水浸泡6小時，瀝乾；紅棗泡水半小時。

STEP 2 黑芝麻放入研磨缽內搗碎成粉末狀。

STEP 3 以上材料入鍋加600c.c.水（或米酒水），放入電鍋熬煮成粥，起鍋前加紅糖調味即可。

功 效
腎氣足，頭髮就不容易脫落或變白，而深色、黑色食物有助滋補腎氣，能預防產後掉髮、枯黃或早白現象。

黃精粥

材 料
黃精1兩，紅棗4個，白米100公克。

做 法
STEP 1 黃精加2碗水煎煮成1碗約八分滿的藥汁，濾渣。

STEP 2 白米淘洗乾淨，與洗淨的紅棗與黃精藥汁熬煮成粥即可。

功 效
具補脾胃、養心肺功效。用餐後容易飽脹者；產後體虛、中氣不足者，或想要減重的人均適合把它作為其中一餐食用。

西芹拌芝麻

材料
西洋芹1支,薑1片,黑芝麻醬1大匙(以有機產品為佳)。

做法
STEP 1 西洋芹洗淨,刮除表面粗筋,切粗絲;薑切絲。

STEP 2 西芹絲放入滾水快速汆燙,撈出、泡入冷開水中漂涼,瀝乾,灑上薑絲,淋上黑芝麻醬即可。

功效
有健脾益腎、滋潤五臟、烏髮養顏功效。產後有掉髮現象,或感覺口中黏膩、發苦者皆適宜。

涼拌枸杞葉

材料
枸杞葉1小把,薑1片,枸杞子少許。

調味料
麻油、鹽、醋各適量。

做法
STEP 1 枸杞子洗淨,入電鍋蒸熟;薑切絲。

STEP 2 枸杞葉洗淨,放入沸水加鹽及醋,燙煮至熟,撈出、瀝乾,淋上麻油,撒上薑絲及枸杞子即可。

功效
補腎、養肝明目,有助收縮小腹。

芹菜炒蝦仁

材料

西洋芹、蔥各1支，蝦仁、蛤蜊各1兩，大蒜1瓣。

醃料

蛋白、鹽少許

做法

STEP 1 西洋芹刮除外表粗筋，切斜片；蔥、大蒜均切末。

STEP 2 蝦仁從背部切一刀，挑除腸泥、洗淨，用廚房紙巾擦乾水分，加入醃料抓勻，醃約10分鐘。

STEP 3 鍋中倒入少許油爆香蔥、蒜，加入其餘所有材料拌炒至熟即可。

功效

補腎、有助發奶。

素食月子餐
第1週

滋陰、補肝

白木耳蓮子紅棗湯

材料
白木耳5公克，蓮子10公克，紅棗（去核）5粒，枸杞適量。

做法

STEP 1 取海帶芽、紅蘿蔔、高麗菜、豆芽……等蔬菜材料，加適量水熬成素高湯備用。

STEP 2 白木耳洗淨、泡軟，剝成小朵，與蓮子、紅棗、枸杞一起放入燉盅內加高湯，移入電鍋燉煮1小時即可。

百合蓮子湯

疏肝理氣

材料

百合5錢（約20公克），蓮子50公克。

做法

STEP 1 取海帶芽、紅蘿蔔、高麗菜、豆芽……等蔬菜材料，加適量水熬成素高湯備用。

STEP 2 百合洗淨，蓮子加水浸泡至軟。

STEP 3 所有材料放入燉盅內加高湯，移入電鍋燉煮1小時即可。

天麻燉松子腰果湯

提神醒腦
補氣

材料

松子、腰果各5公克，山藥10公克，薑2片。

中藥材

天麻1.5錢。

做法

STEP 1 取海帶芽、紅蘿蔔、高麗菜、豆芽……等蔬菜材料，加適量水熬成素高湯備用。

STEP 2 所有材料及中藥材洗淨，放入燉盅內加高湯，移入電鍋燉煮1小時即可。

第2週

補血杏菇湯

生血、補氣
增強
免疫系統

材料

杏鮑菇20公克。

中藥材

當歸3錢，黃耆1.5兩，紅棗、枸杞適量。

做法

STEP 1 當歸、黃耆洗淨，放入燉盅加水至九分滿，移入
電鍋蒸燉30分鐘。

STEP 2 杏鮑菇洗淨、切塊，與紅棗、枸杞加入做法1中
再蒸煮30分鐘即可。亦可將杏鮑菇改成山藥。

麻油秀珍菇

增強
氣血循環

材料

秀珍菇100公克，麻油20c.c.，老薑8片，醬油、酒少許。

做法

STEP 1 鍋中倒入麻油，放入老薑爆香，再加入洗淨的的秀珍菇炒香。

STEP 2 起鍋前加醬油及酒，亦可再加少許素高湯煮滾即可，可搭配燙菠菜一起食用。

調節
免疫功能
促進
新陳代謝

當歸藥膳湯

材料

素海苔豆包捲100公克，素火腿適量，當歸3錢，黃耆1.5兩，紅棗、枸杞各適量。

做法

STEP 1 將當歸、黃耆、紅棗、枸杞放入鍋中，加水至九分滿，熬成藥膳湯備用。

STEP 2 鍋中放入所有食材，煮滾後即可食用。

第3週

芡實薏仁蓮子山藥湯

健脾、利水

材料

乾蓮子、新鮮山藥各20公克。

中藥材

芡實、薏苡仁各3錢。

做法

STEP 1 取海帶芽、紅蘿蔔、高麗菜、豆芽……等蔬菜材料，加適量水熬成素高湯備用。

STEP 2 芡實、薏苡仁及蓮子洗淨，放入燉盅內加高湯至九分滿，浸泡2小時。

STEP 3 山藥切塊，加入做法2.移入電鍋燉煮1小時即可。

山藥蒸蛋

滋養腎氣

材料

新鮮山藥10公克，雞蛋1顆。

做法

STEP 1 取海帶芽、紅蘿蔔、高麗菜、豆芽……等蔬菜材料，加適量水熬成素高湯；山藥切薄片備用。

STEP 2 雞蛋加高湯80c.c.攪打均勻，過濾後盛入茶碗盅內，移入電鍋、外鍋倒1杯水，蒸約10分鐘，再將山藥片放在凝固的蒸蛋上蒸至開關跳起。

黃耆四神白果湯

材料

蓮子、新鮮白果各20g。

中藥材

黃耆1.5錢，芡實、薏苡仁各3錢。

做法

STEP 1 取海帶芽、紅蘿蔔、高麗菜、豆芽……等蔬菜材料，加適量水熬成素高湯備用。

STEP 2 黃耆、芡實、薏苡仁及蓮子洗淨，放入燉盅內加高湯至九分滿，浸泡2小時。

STEP 3 加入白果移入電鍋燉煮1小時即可。

健脾、補氣

第4週

滋腎、補骨

山藥牛蒡燉腰果

材料
牛蒡、新鮮山藥各20公克,腰果10公克。

做法

STEP 1 取海帶芽、紅蘿蔔、高麗菜、豆芽……等蔬菜
材料,加適量水熬成素高湯備用。

STEP 2 牛蒡洗淨,削皮、切塊,與腰果放入燉盅內,
倒入高湯以電鍋燉蒸30分鐘。

STEP 3 新鮮山藥切塊,加入燉盅內再燉30分鐘即可。

杜仲歸耆素腰湯

生血
補氣
滋腎

材料

素腰花20公克。

中藥材

杜仲、當歸各3錢，黃耆1.5兩，紅棗
（去核）5粒，枸杞子適量。

做法

STEP 1 藥材洗淨，加水500c.c.燉煮1小
時，濾渣，藥湯留用。

STEP 2 中藥湯飲倒入燉盅內，放入素腰
花移入電鍋燉煮1小時即可。

安神、調氣

冬蟲夏草燉天麻松子

材料

松子、素火腿各10公克（素火腿可改
任何喜愛的素料）。

中藥材

冬蟲夏草3錢，天麻1.5錢。

做法

STEP 1 取海帶芽、紅蘿蔔、高麗菜、
豆芽……等蔬菜材料，加適量
水熬成素高湯備用。

STEP 2 所有材料放入燉盅內加高湯，
移入電鍋燉煮1小時即可。

每日
飲品

當歸黃耆飲

補血，改善
氣血虛弱

材 料

當歸3錢，黃耆1.5兩，紅棗（去核）5粒，枸杞子適量。

做 法

所有材料洗淨，加水1000 c.c. 熬煮至800 c.c.，即可飲用。每日飲用一帖即可。

補腎、滋陰

黑豆紅棗茶

材 料

黑豆50公克，紅棗（去核）10粒。

做 法

所有材料洗淨，加水500c.c.放入電鍋蒸煮2小時，濾渣、飲茶。

關於坐月子的飲食生活大小事

Q&A

Q1 生化湯該怎麼吃？要吃多久？

A 女性生產後要吃生化湯，似乎已成了我們坐月子的傳統之一。但到底該怎麼吃？可服用多久？就不見得人人都清楚了。

生化湯的主要目的在於「生新血、化瘀血」，源自傅青主的『女科』一書。藥物組成為當歸8錢，川芎3錢，桃仁14顆，黑薑、炙草各5分，黃酒及水各半，加以煎煮服用。在書中亦記載著：「治新產後，血塊未消。為產後消血塊之聖藥，凡當新產後塊痛未除或他病未除，總以生化湯為主，隨症加減。」意思就是說：

❶ 生化湯適用於新產，意即剛生產後幾天。

❷ 生化湯適合有塊痛（宮縮痛）者。

❸ 若有其他症狀，可在生化湯中另加藥材一起服用。

通常會建議**產婦產後沒有其他問題，宮縮狀況也很好的，服用生化湯5～7日，每天1帖即可**；如果血塊作痛現象仍未除者可再服幾帖。但因為藥方中的當歸、川芎、桃仁，都有破血、促進子宮收縮的效用，要是連吃一個月，恐怕惡露也就不會停，須特別留意。

Q2 青菜水果是不是都不能吃？

A 適量的蔬菜及水果是有益的，很多人誤以為蔬果屬性寒涼因而不吃，其實這對身體的修復及泌乳狀況都會有不好的影響，還會導致便秘。

至於食用量，可依體質而有不同的調整，熱性體質的人可多吃；但如果吃了母乳的寶寶產生腹瀉情形時，就表示媽媽吃得太多了，宜減量。

另一個要修正的錯誤觀念就是：不可為了怕胖而以水果代替正餐，月子中的水果仍以適度為宜，包括溫性水果如櫻桃、芭樂、金桔、楊桃、杏、桃，或是平性的葡萄、檸檬、

木瓜、枇杷、李子，微涼的蘋果、蓮霧、番茄、香瓜、柳丁，熱性的榴槤、龍眼、荔枝等等，可依個人狀況選擇，並以均衡攝取為佳。

Q3 麻油雞是坐月子的必備食補嗎？

A 麻油雞成為大多人坐月子的主食，這是因為過去物資不豐的時代，唯有逢年過節或宴客時才能宰殺豬牛雞……等；而古時女性地位較低，難得吃頓營養的餐食，因此會趁著產婦坐月子時以麻油雞作為調補。

麻油雞含有許多的必需氨基酸，對身體機能的修護，補充產後流失的氣血，的確有好處。但也並非是人人都必吃不可，像是本身體質還不錯的產婦，或是已經有肥胖困擾者，或在

炎炎夏日坐月子的人，不想吃麻油雞也是可以的。

事實上，除了麻油雞之外，用山藥、香菇，或是蛤蜊、干貝煮雞湯，也是很好的食補。另外，建議麻油雞應於產後第二週再吃，此時會陰或剖腹生產的傷口多已癒合，食用屬熱性的麻油及酒會比較理想。為符合月子膳食的清淡原則，麻油雞的油脂另外撈出，用來拌麵線或炒青菜，湯品喝起來就清爽多了。

Q4 月子期間可以喝水嗎？

A 過去有一些說法，認為喝水會導致小腹肥胖、肌肉鬆弛，因此有產婦不可喝水之說。其實所有含有水分的飲食，包含肉湯、大骨湯，喝太多也會有相同的問題。反倒是水分攝入不足，會減少乳汁的分泌，造成哺乳媽媽的困擾。

那麼是否一定要喝米酒水呢？普通的白開水跟米酒水最大的不同，在於缺乏氨基酸、維生素的營養成分。但是，新產7天內是不宜飲用米酒水的，可以紅棗茶、山楂水、觀音串荔枝殼茶來做為飲品

山楂水

山楂10錢、薑3片，加水1000c.c.煮滾，加入少許白糖（產後第一週可用紅糖）煮化即可。具有開胃消食、活血化瘀的功效，在產後惡露未淨、腹部疼痛、食欲不振時可飲用。如飲後有腹瀉或宮縮疼痛者，那就表示喝太多了。

觀音串荔枝殼茶

觀音串4兩、荔枝殼1兩，加水1000c.c.煮滾即可。

米酒水人人都要喝嗎？

米酒水是以19.5%的純釀米酒，以約3瓶的份量不加蓋煮沸15分鐘，使酒精揮發後再轉中火煮到剩1瓶的量，這時後幾乎已經是不含酒精的液體了。這就像有人燉煮麻油雞時以全酒煮至酒精揮發再食用，與米酒水是同樣的道理。

米酒水含有豐富的氨基酸、維生素，能滿足產婦在修復組織及母乳合成上的需要；當中的酵素有助提振神經及肌肉，防止產後憂鬱症。然而，米酒性辛熱，對氣虛、氣鬱、血寒、血瘀體質的人非常適合，有血熱、痰濕、陰虛、濕熱體質者可就不宜了。

5 如何透過飲食促進乳汁分泌？

A 乳汁為氣血所化，所以補充益氣補血的飲食是增加乳汁的竅門，並多留意以下要點，便可促進乳汁旺盛。

❶ 趁早開乳：一般醫院在媽咪生產後，只要不是正在昏睡或失血過多、極為倦怠的情形下，都會盡早讓媽媽進行餵奶。這樣做的原因是透過嬰兒吸吮乳頭會刺激腦下垂體陣發性釋放泌乳素，促使乳汁輸送到乳管。如果產後不趁早刺激，泌乳素也就不分泌；時間一久，就算寶寶再吸吮，垂體也會失去反應，或是奶量過少，母嬰之間的供需無法協調。

若是嬰兒發生吸吮困難或母體乳頭太短、乳汁不足，需以母乳及配方乳混餵時，應使用滴管餵哺。此外，及**早哺乳的優點還有：利於宮縮、使子宮早日恢復**，同時新生兒也能盡快獲得充足的營養。

❷ 對症保健：缺乳的現象可分為「虛」、「實」兩種。虛者多為身體虛弱、生化之源不足；實者因肝鬱氣滯、乳汁運行受阻。至於該如何區分？乳房脹痛盈實者為肝鬱氣滯所致；而乳房柔軟無脹感，面色無華、神疲食少的就是虛症了。

這兩種不同體質的人，可搭配藥膳及穴位按摩自我調理：

(1)實證

常生悶氣是形成氣滯體質的主要原因，尤其是本來乳汁足夠的、卻突然發生不足，大多由此引起。若一開始便有乳脹而不出乳的則為乳腺不通，可多吃點氣味芳香的蔥、薑。

【藥膳】

● **王不留行雞湯**：雞腿1隻切塊，汆燙去除血水，加入王不留行及黃耆各3錢，倒入淹過材料的水量，一起燉煮至雞肉熟爛即可。

● **豬蹄通草湯**：豬前蹄2隻汆燙去血水，加1.5錢通草、5錢漏蘆及蔥2根，倒入淹過材料的水量，同煮至豬蹄骨肉分離，飲用湯汁。

● **蹄筋通乳湯**：取半斤泡發好的新鮮豬蹄筋，加入絲瓜絡5錢、佛手3錢（亦可用新鮮佛手瓜），一起放入砂鍋，倒入淹過材料的水量煲至軟爛，起鍋前可加少許鹽，分次飲用湯汁。

● **理氣通乳湯**：鯽魚1尾，加入柴胡1錢、香附4錢、王不留行及生薑各5錢，入鍋加淹過材料的水大火煮滾，轉小火續煮2小時，加少許調味即可飲湯。

【穴位按摩】

- **足三里**：外膝眼下4個指幅寬，脛骨前外側的凹陷處，以手指按壓至穴位出現痠、麻、脹感。可補脾胃、促進消化吸收，補血增乳。

- **太衝**：位於腳的大拇指及第二指指縫間，往上約1個拇指橫寬處，以手指按壓至穴位出現痠、麻、脹感。具疏肝理氣、清熱功效。

- **三陰交**：從腳踝骨突起處4指幅寬處，位於兩骨之間的位置，以手指按壓至穴位出現痠、麻、脹感。可調補肝胃，滋陰補血。

(2)虛症

虛者，其表現多為乳房不脹而軟，乳汁清稀，惡露量多或不止，面色無華、食欲不振，語音低微，這是氣血不足的現象，因此飲食上應以補氣血為主。

【藥膳】

- **烏賊煲豬腳**：章魚（或墨魚、烏賊、透抽皆可）1隻及豬前腿1隻，汆燙去除血水，加適量水煲至熟軟即可。

- **花生木瓜燉豬腳**：生花生7兩，加切塊的豬前腿1隻、青木瓜1個，加水煲煮至熟爛即可。

- **十全大補湯**：十全大補藥材一帖（至中藥房購買），與青木瓜1個同煮至熟，即可飲湯。

- **當歸黃耆魚湯**：生薑4片放入油鍋爆香，加當歸2錢、黃耆1兩、新鮮活魚半尾（鯽魚、鯉魚、鱸魚皆可）以及適量水煮滾，轉小火煮至魚熟透即可。

- **木瓜魚湯**：新鮮活魚1尾入鍋以麻油煎至微黃，加入切塊的青木瓜1個、生薑4片及漏蘆1兩，再加入適量水煮滾，轉小火煲煮1小時。

- **花生鳳爪湯**：鳳爪或雞翅半斤，燙除腥味後，加1.5兩花生及適量水煮至骨肉分離即可。

- **桂花茶**：黨蔘、女貞子各3錢，加枸杞子5錢、王不留行1.5錢及桂花1錢，以500c.c.熱水沖泡，加蓋燜5分鐘即可。

【穴位按摩】

除三陰交、足三里兩個穴位外，還可再加按少澤穴。

少澤穴：手背朝上，於小指末節外側，用另一手的拇指與食指夾住小指指甲兩側，至穴位出現痠、麻、脹感。有通乳豐胸、滋陰清熱的功效。

PART5

新手媽咪必學的
新生兒照護技巧

剛離開母體的新生兒，面對的是一個全新的世界，要忙著適應呼吸、消化、
泌尿、排泄……，又要抵抗外來感染；而新手父母在迎接小生命的喜悅後，
馬上就要面臨照顧的難題，深怕一個不小心，讓寶寶生病、受傷了！

剛出生的寶寶日常該如何照護？又會有哪些讓父母困惑的常見生理現象？
跟著經驗豐富的醫師一起做，就能少一些慌亂，讓心肝寶貝頭好壯壯、健
康成長。

完整公開 照護初生寶寶的技巧

寶寶吃飽了嗎？為什麼一整天都在睡？便便的顏色為什麼是這樣？餵奶、睡覺、洗澡……，這些每天都要進行的生活照護，一開始肯定讓所有新手爸媽忙亂不已。其實，只要配合適當的技巧、循序漸進，照顧寶寶可以輕鬆又愉快！

給寶貝最完整的營養，餵母乳好處

「仙家酒啊仙家酒，兩個葫蘆盛一斗，五行釀出真醍醐，不離人間處處有。」這是古人對人乳的讚嘆！母乳是老天爺讓母親賜給寶寶最好的禮物，雖然剛開始餵母奶尤其是頭一個月的磨合期非常辛苦，但母乳中所含的各種營養成分及吸收效果，都是比較適合嬰兒的。

蛋白質10.5公克、脂肪39公克、鈣質280毫克、磷140毫克，含有足夠的維生素，所含的鐵質0.3毫克雖不多但被吸收利用的程度高，不會有缺鐵的問題；且**每30毫升的母乳可提供22大卡的熱量，對初生至六個月的寶貝所需要的營養能完全提供**，還有利於被消化和吸收。尤其是內含特別的酵素、脂肪酶，可以消化脂肪，並含有抗感染的白血球、抗體，及促進腸道中乳酸桿菌增生的比菲德氏因子。

其中的醣分可促進寶貝們神經的發育，特別是初乳的抗體和白血球含量較高之外，還含有生長因子能刺激初生嬰兒如小彈珠大的胃，以及那尚未成熟的腸道發育；而且母乳含有些微的輕瀉作用，對嬰兒排出胎便很有幫助。

很想親自餵哺嗎？媽咪一定要學會的訣竅

　　均衡的營養和飲水是保障乳汁來源的要件，無特殊狀況或醫師沒有特別叮囑的情形下，媽媽不需為寶寶的飲食另外添加配方奶及水。沒事多休息、精神放輕鬆，尤其是**餵奶時聽點輕音樂，對增加乳汁特別有好處。**均衡適度飲食加上心情愉快，這才是保證乳汁旺盛的秘訣。

　　此外，餵奶的姿勢非常重要，可減少乳頭破裂的情形，因為當乳頭一有破裂，媽媽通常也無法好好餵奶，如此一來會進入「越少餵奶越沒奶可餵」的惡性循環。標準的餵奶必須讓小兒的下巴貼住乳房，嘴巴張得大大、下唇外翻地含住整個乳暈，嬰兒上唇的上方可能會露出一點乳暈。如果小嬰兒只含著乳頭，下巴和乳房分開，嘴巴看起來像是閉著的，乳汁則不易被吸出。剛開始餵奶時如果覺得乳頭有痠痛現象，即表示姿勢不正確。

訣竅：餵母乳的媽媽要學會觀察

觀察寶寶是否吃飽了，可從幾個要點來看：

1 每次餵食後可安穩睡覺2小時或以上。

2 頭4～5天，每天有6～8片的尿布會呈現濕重感。

3 每天吃奶約8～10次，不會有特別頻繁的需求。

4 除了頭10天的生理性體重下降，在6個月內每月應增加0.5公斤。

　　初餵母乳時可頻繁的一天餵10～12次都沒有關係！當半夜寶寶們睡得很好時則不一定要吵醒他起來吃奶。

　　而乳汁到底夠不夠吃？也是許多哺乳媽咪的疑問；甚至還有很多新手媽媽在哺餵完後，經常沒把握的又再泡了配方奶來餵小寶貝，這是錯誤的做法！其實只要盡早開奶，當乳頭被吸吮之後，腦下垂體就會接收到訊號、促使泌乳素增加，當媽媽本身營養足夠時，乳汁分泌的速度自然就會跟上來。

　　乳頭破裂是餵母奶的一大問題，要預防的最佳方法是在懷孕6個月開始做乳房按摩。**餵乳後如有乳頭裂傷情況，可在餵奶後擠出一點乳汁塗抹於乳頭，傷口較大可在每次餵奶後用維他命E軟膏或羊毛脂塗抹改善。**

　　還有幾個常見錯誤觀念要特別更正：乳房大小與乳量多寡無關；乳頭較小或有凹陷並不會造成大礙，無需擔憂會造成哺乳問題；此外，哺乳並不會讓媽咪的乳房萎縮或下垂，因此請放心讓孩子享用這份寶貴的禮物吧！

寶寶睡覺，一天該睡多少才夠？

　　睡眠占了初生嬰兒大半的時間，每天可達15～20小時，在滿6個月前白天需要2～3次的小睡。而在月子時，寶寶可說是除了吃奶的時間外，幾乎都處在睡覺狀態中。是因為新生兒還不懂得分辨環境形成的晝夜變化，只能依照基本的「睡與吃」的生理需求；只要觀察他們的精神、食欲（吃奶時間到大多能自動醒來）都很正常，其實睡得久，是正常現象。

　　不過，當寶寶表現的跟平常不太一樣，例如到了應該吃奶的時間也照樣熟睡沒醒來，就要小心他們是否有生病情形，宜盡早詢問醫師。

　　大人通常習慣在晚上有較長的睡眠，但初生寶寶有些可不是這樣喔！據統計，每10個新生嬰兒裡有4個會在夜晚時發生「夜啼」。這時候就要詳查原因，看看是因為周圍環境或是孩子有哪裡不舒服，導致晚上不睡了。

該抱著小寶貝入睡嗎？

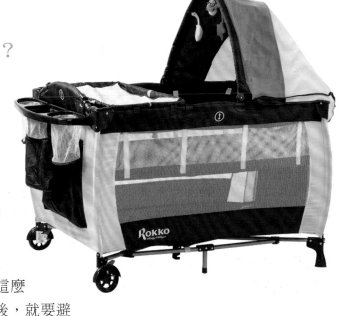

有些寶寶在出生被冠上「磨人精」的外號，很多是因為晚上不睡，往往都要大人抱著走動或輕搖才能入睡，等到一放在床上小眼睛瞬間又睜得老大、吵著要人抱……，弄得大人個個人仰馬翻。其實，爸媽不用這麼辛苦，小娃娃從一出生之後，就要避免養成抱著或搖著他們入睡的習慣。

大部份的初生嬰兒晚上不好睡，是因為消化系統尚未健全，喝奶後胃裡仍留有空氣、感到脹氣不適而引起。因此，這時候不妨為他拍氣幫助打嗝；即使是要抱著寶貝拍打背部，大人也應當要採坐姿。站著時因為高度不同，寶寶的視覺感也大不相同，這通常也是後來孩子吵著要人抱的緣故。

當小寶寶無其他生理異狀也已吐嗝，卻仍有睡不安穩、日夜顛倒的情形，也是正常現象之一。畢竟寶寶才剛脫離母體，進入到一個陌生的環境，尚未習慣環境變化、也還沒建立好屬於自己的生理時鐘。媽媽此時不必急著抱起寶寶，可試試輕撫背部增加孩子的安全感即可。

另外，應逐漸養成小孩辨識環境變化、自我調節的能力。也就是大人可以在白天打開室內窗戶，將寶寶移到明亮處，陽光充足的話，還可促進維生素D的形成、強化骨質；日間可盡量和他們說話、逗弄玩耍。但一到夜晚就要塑造出安靜的睡眠空間，降低說話音量，保持較微弱的燈光，少跟他們玩耍以免過度刺激……。等到寶寶的生理漸漸跟上白天與夜晚的變化時，就能自然而然的睡覺，並且調整成夜晚也能睡得比較久了。

小寶寶的便便這樣正常嗎？

　　究竟小嬰兒的便便顏色怎樣才是正常的呢？古今觀點有不同的看法。以現代腸胃科的觀念認為便便的顏色是代表消化道內膽汁、腸液……等經由腸內細菌代謝後的表現，因此深綠色、黃褐色或是深棕色的糞便，都是在可接受的範圍內。而傳統觀念則認為：當寶寶解出綠色大便且又有睡夢中突然大哭時，是受到驚嚇所致。

　　餵母奶與配方奶的寶貝，兩者在便便的呈現上是大不相同的！**吃母乳的嬰兒便便是水水稀稀的，在月子裡一天十來次甚至可達二十多次**，可說是喝奶前拉、哺乳後也拉，幾乎每次換尿布時都會發現寶貝們又「嗯嗯」了。

　　不過，這種情形在滿月之後就會好轉，變成一天1～3次左右，即俗稱的「撿屎」。這段期間內只要吸吮正常、活動力好、體重有逐漸上升的話，就留意勤換尿片、不要讓稚嫩的小屁屁長疹子即可。千萬不可因為稀便過多，因而停止哺餵母乳。但是要特別注意的是，哺乳期間要是媽媽的飲食過於燥熱，那麼小寶寶就有可能好幾天才大便一次了。

寶貝便便是青色的，是受到驚嚇了嗎？

　　至於喝配方奶的新生兒在解完胎便（色黑、溏而黏稠）後，一般大便就會比較成形，甚至有的還會發生便秘，以致於每次要解便時總是特別使力、面紅耳赤的。也**有些配方奶粉裡因為添加了鐵劑，導致小寶寶解出綠色大便，也屬正常現象。**

　　老一輩的傳統觀念認為嬰兒解青便，是受到驚嚇引起。其實，若是伴有脹氣、哭鬧不安的現象，其實是因腸胃不適造成，可搭配按摩及熱敷。當寶貝放屁之後，哭鬧自然就止。特別是冬天的新生兒，經常在半夜裡哭鬧，大多都是腸胃脹氣之故。

餵母奶者應當觀察是否自己吃太多寒涼的水果、蔬菜；餵配方奶的媽媽則要考慮是否成分不適合寶寶的體質而引起腸痙攣；若滿四個月以後開始加入副食品的，就要看看是不是副食品出問題了。

幫寶寶洗澡的6大原則

原則1：每天洗一次澡為佳

嬰兒每天洗一次澡最為適當，不過夏天因為流汗過多，可以幫寶寶洗1～2次。

原則2：如果健康狀況不好應避免洗澡

萬一寶寶出現感冒或皮膚濕疹，則應該避免洗澡。此外，寶寶哭過或哺乳後，不要馬上幫他洗澡，應該間隔一段時間再洗。

原則3：沐浴的適當時間為5～10分鐘

在水中太久，寶寶的皮膚角質層會脫落，引起一些皮膚問題。即使寶寶再怎麼喜歡水，也應該將時間控制在5～10分鐘左右。此外，因為小嬰兒對溫度的變化十分敏感，所以最好避免在清晨或在晚上幫他洗澡，最好選擇在溫暖的時段為寶貝洗澡。

原則4：室內溫度保持在20～25℃，水溫38～40℃

被水浸濕的狀態下如果被寒風吹著，很容易患上感冒，因此即使是夏季也一定要關上出入的門再幫寶寶洗澡。將室內溫度保持在20～25℃最為適當，水溫控制在38～40℃左右，當媽媽利用手肘來測量水溫時，既不感到太熱也不感

架好沐浴鞦韆喔！

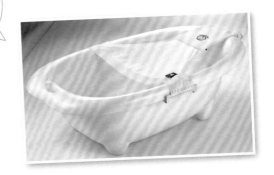

到太冷的狀態最為合適。當小寶貝和大人一起洗澡時，在進入浴室之前應該在浴缸裡沖入熱水，使室內溫度升高。

原則5：使用嬰兒沐浴用品

未滿一歲的小娃娃在浴盆裡洗澡會非常方便。應該選擇不深和底部防滑的嬰兒浴盆。如果媽媽是獨自幫寶寶洗澡，最好使用沐浴鞦韆。將沐浴鞦韆架在浴盆裡，可以讓寶寶躺著方便洗澡。

原則6：提前準備好尿布和衣服

在接洗澡水的時候，可以一邊將孩子要更換的衣服和尿布按照順序展開放在房間的地板上，再準備好大毛巾、乳液、爽身粉等物品放在一旁。

怎麼幫寶寶洗澡？
8步驟跟做，洗出香香的寶貝！

剛出生的嬰兒有如小貓一般小小的，全身軟趴趴，因此許多父母一開始要幫寶寶洗澡時的確會有點害怕。然而，只要手法、姿勢正確，照著順序一一跟著作，很快就能上手。尤其當看到孩子幸福溫暖的表情時，甚至還會期待每天洗澎澎的親子時光呢！

洗澡最好的時間，建議安排在哺乳完一個小時後，這時寶寶最是心滿意足，接著洗個舒服的澡，便能安穩的睡上一覺。在為寶貝洗澡之前，需注意室溫約保持在24～28℃，門窗關好避免陣風吹入；穿脫衣服時要做好保溫，溫和地讓寶寶的手通過袖子，不要過猛的拉扯。

寶寶洗澡 STEP BY STEP

1

洗完澡後要用的東西務必先準備好

將洗澡後需要用到的物品先準備好,例如衣服、尿布、浴巾、包布、棉花棒、消毒液、乳液……等用品。

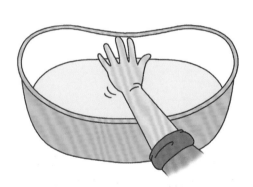

2

準備約37～40℃左右的溫水

準備比體溫略高一點的溫水,可用溫度計或手腕內側試試溫度,建議不必使用太大的澡盆,水也不要加太多,以免寶寶嗆到或喝到水。

3

支撐及抱法

用手掌托住、支撐寶寶的頸背部,並以橄欖球式的抱法搭配腋下夾住寶寶。

4

以大拇指、中指將寶寶的耳朵反折

用手指將耳垂反折並塞住耳朵，可避免水跑進小嬰兒的耳朵裡。

臉部要用較細的紗布巾清潔，並用紗布巾的四角從眼角擦到眼尾，左右兩眼分別用不同的面擦拭，避免交互感染，接著再擦鼻孔、耳朵並洗臉。

5

讓寶寶安心入浴

接下來就可將寶寶地放入澡盆了，記得速度要放慢，以免小孩受到驚嚇或無法適應水溫而大哭，以指腹部位洗頭及身體，亦可搭配使用寶寶沐浴乳。

一般來說，使用完沐浴乳後不用再次沖洗。特別注意腋下、兩股之間、肚臍、生殖器及皮膚皺摺處都要清洗到。

6

清潔背部

用手掌心支撐住寶寶的胸口，並將他慢慢翻過身來，從頸部、後背部一直洗到屁股。

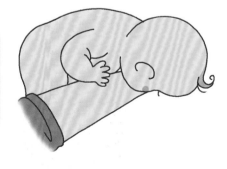

7 快速擦乾全身

將寶寶快速用大毛巾全身包起來擦乾，並將尿布先穿上，以免過程中大、小便。若寶寶皮膚屬於較乾燥型的，利用還沒穿上衣服時，正是幫他按摩及塗抹嬰兒油的最好時機，並可一併檢查皮膚有無異常狀況。

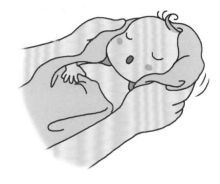

8 臍帶護理

將小寶貝濕濕的肚臍用消毒過的棉花棒沾點消毒液，從臍根部由內往外做環狀消毒，以防細菌感染，直到臍帶乾燥及脫落為止。如果發現肚臍變紅或有分泌物產生，可能是遭到細菌感染，需盡速就醫。

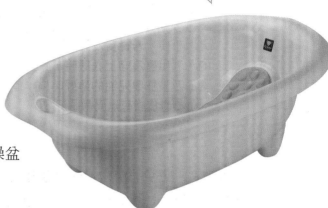

嬰兒澡盆方便
幫孩子洗澡喔！

😊 怎麼幫嬰兒選擇沐浴用品？

嬰兒澡盆

　　這是新生兒到周歲，甚至更大時仍會使用到的商品，所以應該選擇較大、較寬的。如果有能代替嬰兒澡盆的，也可以使用較大的澡盆大桶幫寶寶洗澡。

洗澡沐浴精

　　對於新生嬰兒，可以使用嬰兒香皂或嬰兒沐浴精來幫寶寶清洗全身和頭部。不過，有些小兒科的醫生表示在出生後2個月之前，最好不要使用洗髮水或爽身粉。

保濕劑

　　可以選擇嬰兒油或乳液等保濕效果較好的產品；爽身粉最好選擇盒裝的。在使用爽身粉時，用粉撲沾上爽身粉後應輕輕地拍一拍後，再塗抹於寶寶的身上，能避免爽身粉的顆粒可能會進入寶寶的呼吸道中。

浴巾

　　洗完澡後，應該使用大浴巾幫寶寶完全包裹住，並擦拭掉身上的水分。如果家裡有較大的毛巾，也無需另外購買。

有過敏性皮膚的寶寶洗澡該注意什麼？

　　根據統計，父母親有過敏體質的，孩子高達45%會患有異位性皮膚炎，如果餵哺母乳則會降低機率。在沐浴方面，有過敏性皮膚的寶貝們該怎麼幫他們洗澡？才能避免引發搔癢？洗澡時可以使用一般沐浴乳嗎？本節中有最詳盡的解答。

水溫應該比平常的溫度稍低

　　一般來說，**寶寶的洗澡水的水溫保持在38～40℃最為適當**，但是對於患有特異過敏性皮膚炎的寶寶來說，溫水會使皮膚搔癢的症狀變得更加嚴重，因此最好將水溫調低，保持在36～37℃最為適當。

避免洗泡泡浴

　　最好直接**以清水清潔，或是使用沐浴酵素、小麥肥皂這一類中性、不含香精的沐浴用品**。如果使用過多的香皂，會使水分和油分流失，使皮膚變得粗糙。香皂最好只用於清洗腋窩或腹股溝等必須使用香皂清洗的部位，而且使用香皂之後要仔細地沖洗乾淨。絕對不要讓小寶貝洗泡泡浴。

不要揉搓

　　洗完澡、拭乾水分後，均勻擦上具有保濕作用的寶寶專用乳液，藉以加強皮膚的保濕度、避免乾燥。

以按壓方式把水氣拭掉

　　即使使用的是純棉毛巾，也會和皮膚產生摩擦，因此在擦拭水氣時，應該以按壓的方式。並針對較乾燥的地方，塗抹嬰兒專用的保濕劑。

☺ 寶寶的奶粉怎麼選？份量該怎麼調整才對？

在無法給寶寶母乳的情況下，必須選擇和母乳成分最接近的奶粉給寶寶。但市售奶粉的種類不勝枚舉，價格也是千差萬別，到底該怎麼選擇才對？有什麼標準可以依循的嗎？

先選擇不會引起寶寶異常症狀的奶粉

市售的奶粉種類琳瑯滿目，怎麼挑選常會讓媽媽陷入苦惱中。含特殊營養元素較多的奶粉、進口奶粉、國產奶粉……奶粉的製造商不同，種類也是非常多樣，到底什麼樣的奶粉才有益於我們的寶寶？

小兒科的專業醫生說，其實市售奶粉的製造，都是將牛奶加工成寶寶容易消化的形態，再添加牛奶中不足的營養元素，像是鐵、維他命等成分，所以不會出現太大的差異性，而所謂**最好的奶粉就是寶寶愛吃，並且不會引發異常症狀的產品。**

鐵元素較多的奶粉，適合0～1歲寶寶

從出生至一歲時，選擇鐵成份較多的奶粉是近年來的趨勢。儘管添加物的成分，會隨著每種產品的不同，而出現一些差異，但所含的必需基本成分是幾乎相同的。所以不管選擇哪家公司的產品，對寶寶的成長都不會造成大影響。

可先延續醫院所使用的廠牌

一出生就喝奶粉的寶寶，大部分會對於在醫院時，第一次喝到的奶粉味道有一份熟悉感，所以如果寶寶在醫院就喝了特定廠牌的奶粉，且沒有出現任何異常現象，那麼，媽媽不妨可以延續使用。

　　偶爾，寶寶會產生輕微的腹瀉和便秘、嘔吐等症狀，雖然這有可能是因為奶粉不適合寶寶體質的原因而引起，但首先要對授乳的方法或寶寶的健康狀態進行仔細的檢查。

奶粉該怎麼計量？

　　計量奶粉時，可以使用奶粉容器裡準備的計量小杓。在計量時，最重要是**保持小杓中盛裝奶粉後要抹平，絕對不要裝得過多**，也不要裝得過少。一旦過多，奶粉的濃度會過濃，引發消化障礙。但若奶粉的濃度太稀，會使寶寶無法充分攝取營養。

　　計量小杓使用後，不要直接放入奶粉罐中，如果可以，應該和奶瓶一起消毒，取出後等水分乾了，再放入罐中。

☺ 沖泡奶粉的水，溫度要幾度才適合？

　　授乳的最佳溫度是40℃左右。可將牛奶滴入媽媽的手腕內側，當感覺溫熱時最為適當。用70℃的熱水沖泡奶粉，再等奶粉的溫度降低至40℃左右。之所以要用70℃的熱水來沖泡奶粉，原因是對於維他命B和維他命C的破壞會減少。

　　有些人會直接以滾水來沖泡奶粉後再放涼，但是奶粉以煮沸的程度來沖泡，會讓營養元素受到破壞，所以最好不要用這樣的方式沖泡。如果很難將奶粉的溫度調至適當的溫度，可以準備好熱水和涼水，這樣就能在沖泡奶粉的時候調適溫度。

　　許多媽媽說餵寶寶喝冰涼的牛奶，能讓寶寶的腸胃逐漸健壯，其實這是毫無醫學根據的。用涼的牛奶來餵新生兒，反而會讓他們的體溫調節功能變弱，體力被消耗，所以最好還是要餵寶寶喝溫度適中的牛奶。

第一次餵哺，媽咪需要準備什麼？

● **奶瓶**

準備7～8個奶瓶。最好準備新生兒用的125ml的奶瓶兩個，250ml的奶瓶5～6個。上班的媽媽需要準備一次性用的奶瓶。在使用一次性奶瓶餵奶粉時，可以使用滅菌袋子來沖泡奶粉，只有奶嘴需要消毒，所以非常方便。

● **奶瓶消毒器**

材質上可分為不銹鋼以及塑膠材質。不銹鋼材質的奶瓶消毒器，可以直接放在瓦斯上煮滾消毒。塑膠材質者，多以插電來進行煮沸消毒。

寶寶生病了嗎？

新生兒狀況多，

新生寶寶從母親體內的十個月至產出體外的過程，在生理方面必須適應極大的改變，就算是健康的嬰兒，也會出現一些不同的生理狀況，讓新手爸媽措手不及、擔心不已。這些症狀是不是代表寶寶生病了呢？該怎麼呵護、處理才正確？

☺ 女寶寶為何出現像經血的分泌物？

這又稱為女嬰的「假月經」，**一部分的新生女寶寶在剛出生5～7天左右，會發生陰道流出血性分泌物的情形**，這是新生兒在母體內受媽媽荷爾蒙影響而有的生理現象，通常約3天之後就可消失。

發現時只需用溫水清洗或加以擦拭即可。如一段時間後仍有此現象，或分泌物轉為黃色膿性物質、有異味時，應向醫師諮詢。

☺ 男寶寶的陰囊為什麼腫腫的？

這是陰囊水腫，是因為陰囊與腹腔間的通道未完全關閉，使腹水流入陰囊、包圍睪丸所致，在新生兒泌尿問題中是很常見的。依積水量的多少，在大小上也不一樣。

而當腹壓有增高情形時（如大哭），腸子會因此下陷而造成腹股溝疝氣，要格外注意。一般來說，大部份的通道會自然關閉而不再有積水的現象，若滿周歲時仍未自然消失，可能必須就醫以手術處理。

☺ 寶寶的肚臍有小塊突起，該怎麼辦？

臍疝，是指少數新生兒臍部有圓形或卵圓形腫塊突出的現象，尤其在哭鬧、咳嗽、解便時更為明顯。此時，父母應仔細觀察腫塊周圍皮膚是否正常，如果膚色正常，靜臥時腫塊會消失，或用手指加壓即可將腫塊推回腹腔，這就表示是臍疝。

至於臍疝的發生，是因為臍孔尚未完全閉合，腸子自臍環突出至皮下的緣故。新生兒有臍疝現象一般不需治療，絕**大多數會隨著年齡增長（約兩歲前）、兩側腹直肌發育完善而自行癒合。**在未癒合之前，應減少孩子哭鬧、咳嗽……等會增加腹壓的動作。同時需在醫師指導下，用繃帶來壓緊臍疝做為防患。

☺ 小寶貝皮膚黃黃的，是怎麼回事？

大多是因為生理性黃疸形成。有1/2～2/3的新生兒在出生後2～3天皮膚會漸漸發黃，到第7天時最為明顯。然而，一般症狀都很輕微，**經過7～10天可自行消退、不需治療**；早產兒則會比較嚴重，出現得早但較晚消退，約在3週左右方能消失，嚴重者照光（光線療法）可得到改善。

孩子會出現黃疸，是因為胎兒在母體時的氧氣來源靠母血通過胎盤供應，胎兒為了要有足夠氧氣，紅血球的數量便會增加。待出生後，新生兒自行呼吸，從大氣中吸收氧氣，不再需要那麼多紅血球，多餘的紅血球破壞後會使血中的膽紅素增加，不能及時處理這些增加的膽紅素時，黃疸也就出現了。通常爸媽可透過觀察：黃疸是否延伸至腹部或以下？有沒有伴隨發燒、嘔吐、食慾不佳等等現象？再就醫做詳細檢查即可。

寶寶的牙槽上為何有白點？

在幫初生寶寶清潔口腔時，可能會發現牙槽上有些粟粒狀或更大一些的乳白色、黃色點狀物。很多婆婆媽媽以為是口瘡，或是會有媽咪月子餐吃得太補……等的說法。

事實上，這是胎兒發育時，牙板上皮殘餘斷離牙胚部分增生所形成的角化物，**大約在一個月左右會逐漸被吸收而消失或自行脫落，不需特別處理。**特別是千萬不可自行用力擦拭或用尖銳物品挑出，這樣反而會使口腔黏膜損傷、出血，或導致繼發性感染。

為什麼孩子頭上有腫塊？

常有媽咪發現新生兒頭上有一個小腫塊，有的還會有瘀青現象，摸起來有點軟軟的，我們稱之為「產瘤」。

這是寶寶在娩出過程中受到陰道擠壓而發生頭皮下水腫所致，**大約2～3天就能完全消失。**也有的是因為媽媽生產有困難而採用吸引法，致使骨膜下破裂而形成。無論是水腫或血腫，**最遲在5～7天應會自行消退。**

寶寶皮膚好像發炎了，該怎麼處理？

新生兒的皮膚極為細膩，加上面臨外在環境的灰塵、髒汗……，非常容易引起發炎。所以，大人在抱小寶寶或接觸其肌膚前，一定要先洗手。

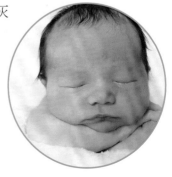

另外，餵完奶欲幫寶寶拍打嗝氣時，應在大人的肩胸部墊一塊乾淨小手絹或紗布，避免讓臉頰直接貼在大人的衣服上；發生溢奶時，頸部、嘴邊要擦乾

淨。並用乾淨的毛巾摺成一公分厚的軟墊當成寶寶的枕頭,可預防溢奶或流汗時,床單被弄髒了,宜一天更換數次較佳。

新生兒無夏日,所以在滿三個月前應穿長袖衣服;夏天可選細綿紗材質幫助透氣。第一個月隨時都應用布包巾包裹起來,一來可隔絕肌膚的接觸,另外還能提供有如在子宮內的束縛、安全感,避免寶貝受到外界驚嚇。

☺ 嬰兒吐奶、溢奶時,如何處理才恰當?

新生寶寶的腸胃、食道發育未臻完全,胃容量也較小,特別是有速度過快或吃得太飽的情形時,餵奶後便會經常發生溢奶的現象了。

首先必須改善造成寶寶吃奶不當習慣的因素,例如奶瓶孔洞不可過大;餵奶後不要過早晃動或翻動寶寶,避免吐奶;另外,為孩子拍背將胃中空氣排出也能減少溢奶;喝奶後躺下時避免平躺,而應採側躺姿勢,也能防止寶寶發生嗆奶。當寶貝們逐日長大、器官漸漸發育後,**約在6個月內,溢奶現象通常就會自行改善。**

至於吐奶則與溢奶完全不同了,吐奶是一股腦地把吃進的奶水吐出來的情形,就好像大人嘔吐一樣。假如孩子經常性的發生,或是**一天裡吐了好幾次,可能就是生病的徵兆,需盡快諮詢小兒科醫師進行診治。**

☺ 嬌嫩的皮膚長疹子了,該怎麼辦?

初生寶寶的皮膚尚未發育完全,加上特別嬌嫩、敏感,容易受到外物摩擦或灰塵沾染,因而引發各種皮膚狀況。因此,在**寶寶滿三個月之前,要盡量避免露出手臂或腿部**,應穿上長袖或以薄包巾裹住身體及手腳,藉以隔絕大人的衣物、髒汙及汗水;並應掌握一個重點,就是讓小寶貝的皮膚保持乾爽、透氣的狀態。

常見的寶寶皮膚問題，主要有以下幾種：

尿布疹

是發生在尿布覆蓋處的臀部、外生殖器皮膚因刺激引起的反應，主要是一小塊的紅疹子或小疙瘩。此部位因為長期處在尿液及便便的濕熱環境，皮膚不斷的摩擦，再加上又不常更換尿布的話，紅疹情況會更加惡化。

1 建議應在寶寶大小便後、更換尿布前，先將小屁股清洗乾淨、擦乾；在房間保持溫暖的前提下，先不急著穿上尿布，讓屁屁皮膚有15～20分鐘的時間與空氣接觸、透透氣。

2 勤換尿布有助預防、減緩尿布疹。用完即丟的拋棄型紙尿布一般來說都比較不透氣，盡量選用透氣性較強的紗布或布質尿布，來維持寶寶小屁股的清爽。

3 當小寶貝的紅屁屁經過以上的護理仍無法獲得改善時，應立即就醫，避免黴菌感染。

痱子

　　新生兒的皮脂腺功能較為旺盛，皮脂分泌也多，若是汗腺阻塞時就會在皮膚出現紅疹，又稱為汗疹。**特別容易發生在皮膚皺褶處，或是衣服穿得較緊密的部位**，這是因為身體的濕熱之氣不易發散、出汗又加上摩擦所導致。

1　要預防發生汗疹，須注意寶寶的衣物不必過度保暖，與皮膚相接觸的第一層衣服應以容易吸汗的材質為主；周圍環境的溫度也要保持通風涼爽。

2　當寶寶出汗後未能及時擦洗時，也會造成皮膚阻塞、使汗液堆積引起汗疹。除了每天洗澡外，出汗較多的寶寶或是炎夏季節時可再多洗一次。

3　在擦洗之後，於寶寶的身體或皮膚皺褶處抹上具有吸附作用的嬰兒爽身粉，可減少皮膚間的摩擦、防止痱子產生。

脂漏性皮膚炎

　　這是一種會讓寶寶皮膚呈現較乾燥、看起來花花粗粗，偶爾帶點發紅脫皮的症狀，在初生嬰兒上很常見到。特別容易發生在頭皮、眉毛，看起來就像頭眉間佈滿了黃黑色的皮屑一般。

　　這也是因為嬰兒皮脂腺較大、分泌旺盛的緣故，**通常在三～四個月大後便會逐漸好轉**。一般輕微的症狀不需特別治療，至於不好看的皮屑，可於抹濕嬰兒頭皮、眉毛後，再抹上一層植物油如橄欖油，半小時後水洗乾淨，讓皮屑隨著清洗自然脫落。如果症狀較嚴重，可諮詢醫師開立適合寶寶使用的藥膏，達到治療的效果。

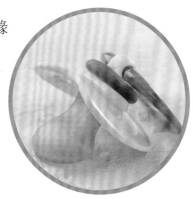

寶寶發燒了該怎麼辦？

發燒，是身體發出的一種訊息，有可能是衣服穿太多、吃了熱食、餵奶之後或是哭鬧、環境太悶熱等等，另一方面也表示寶寶正在與疾病對抗的免疫現象。過去很多人以為「發燒會燒壞腦子」，其實發燒本身並不可怕，除非是燒到41℃或42℃，否則不太會燒壞大腦。而現代醫學認為，發燒會不會影響到大腦功能，與是否罹患會引起腦病變的腦炎、腦膜炎等等，才是關鍵性的因素。**另一常見原因是打疫苗後的反應**，但同一時間亦可以是其他感染引起發燒。

三個月以下的嬰兒，發生發燒的狀況時，應儘快送醫診治，在嬰兒時期體溫的測量，因為配合度的問題，量口溫或腋溫都很難測得到正確的溫度，臨床上比較準確的方法有肛溫和背溫。肛溫測定的方法，使用前要先將溫度計度數甩到35℃以下，以凡士林潤滑溫度計後再插入肛門3～5公分，測量時間需達三分鐘，

一般爸媽對寶寶發燒的第一反應，都是忙著退燒，但更重要的是要盡快找出病因對症治療，千萬不可任意的給予退燒藥物，卻不找醫師詳查病因。

寶寶發燒時的處理

1 補充適量水分。

2 發燒時不要蓋被子或加穿衣服，反而應適度減少，促進體熱發散。

3 注意室內空氣的流通，但不可有陣風當面吹襲。

4 保持身體乾燥及清潔，尤其使用退燒藥時，不可有大出汗的情形。

寶寶發燒必須帶去就醫的注意事項

1 平常照顧小孩的人要一同前往，因為溫度只是一種幫助判斷的參考值，必須與其它可能的症狀一併提供給醫師診斷。如果帶寶寶去看診的人不清楚狀況，無法回答醫師的提問，就很難正確診治了。

2 如果能在就醫前詳細記錄體溫的變化，對診斷也有極大幫助。

3 寶寶哺餵的狀況，例如食量，或是大小便情形，最好都有清楚的紀錄。

4 應攜帶小寶貝的保健手冊，清楚讓醫師知道接種疫苗的情況，以便判斷新生兒是否因注射預防針引起合併症狀。

😊 寶寶脹氣該如何緩解？

　　很多月子裡的小娃兒因為腸胃道還未發育完全，加上夜間陰冷，身體受涼後容易產生腸胃脹氣，而有夜啼的現象。究竟寶寶的啼哭是否因脹氣引起，媽咪們可用第二、三指彈指檢查腹部，當聽到明顯「咚咚咚」有如鼓聲，且肚子摸起來硬梆梆的即是；如果小肚皮已經脹到圓滾滾、亮亮的，那就是很嚴重的脹氣了。

　　至於脹氣的原因，有可能是奶嘴的孔洞太大或過小，導致吸入空氣；有些喝配方奶的寶寶，其中所含有的成分在腸胃道無法完全被消化，也容易造成脹氣；或是因為便秘，氣體不易排出，亦會產生。因此，需檢視是否有以上問題並加以排除，在每次喝奶後，為寶寶進行拍打吐嗝，也可避免脹氣。

　　當娃娃脹氣時，媽媽可用**手掌在寶寶的肚臍周圍做順時鐘按摩，也可在手上抹點嬰兒油或薄荷油搭配按摩**，幫助小小腸胃的蠕動；**按摩後再用溫熱毛巾敷在上頭**，如果寶寶放屁排氣，也就好了。

　　但若經按摩後，寶寶仍脹氣未消或繼續哭鬧不安，或是伴隨有發燒、食欲不佳、嘔吐、腹瀉等等情形時，應帶孩子至醫院檢查，因為腸胃炎、細菌感染……等疾病，都有可能造成脹氣。

😊 寶寶便秘了，怎麼辦？

　　通常新生兒的大便應呈現乳糜狀，約出生10天後才慢慢變成條狀，許多寶貝在大便成條狀後就開始有便秘現象，而**最常見的原因，與喝配方奶相關**；一般吃母乳的寶寶，比較不會有便秘現象。這是因為小寶寶的消化機能及腸胃蠕動還沒成熟，**當牛奶中的酪乳蛋白含量較高時就會發生便秘，這時候換個奶粉品牌就可改善**。特別要注意，有時大人在沖泡牛奶時比例不對，也會引起孩子的便秘，應按照牛奶罐上的說明進行。

　　或是有需要時，在寶寶的兩餐中間補充一些葡萄糖水（濃度約5%）也能有助緩解。或者在早上約六、七點餵完第一餐後，用肛門體溫計沾點凡士林幫寶寶量體溫，一方面可以了解體溫狀況，還有刺激肛門、促使產生便意的效果。進行時最好能舉起他的雙腳，肚子要蓋被避免受涼，一面發出「嗯嗯」的解便聲誘導；如果是小男嬰，則要小心尿液往上噴的意外。

附錄

做好身體基礎保養，就能輕鬆受孕

想要成功做人，體質調理ＯＫ，好孕自然來！

孕育寶寶的計畫想一舉成功，打造一個容易受孕的體質絕對是基本條件，同時也能鞏固下一代的健康。

女性們除了做好懷孕前的必要檢查外，透過中醫的體質觀，根據不同的生理狀況做調養，身體便能處在最佳狀態，擁有好孕氣！

了解體質，才能養出好子宮、打造優質妊娠力

Check!

國寶女中醫的體質檢測

請在以下描述中，依照妳所發生的頻率在空格中填上適合的分數，最後加總計分。

A.

總是　經常　有時　很少　未曾
5　　4　　3　　2　　1

□　□　□　□　□　月經很規律，約每28天（前後加減2天）來經一次。

□　□　□　□　□　行經期間不超過7天。

□　□　□　□　□　每次月經來潮，可用掉一包衛生棉（約16～24片）。

□　□　□　□　□　月經期間有2～3天可在衛生棉墊背面輕易見到紅色血跡。（非滲出）

□　□　□　□　□　經血顏色呈紅色或暗紅色。

□　□　□　□　□　經血不帶血塊；或即使有血塊，大小也不超過5元銅板大小。

□　□　□　□　□　大多時間都感到精力充沛、精神愉快。

B.

總是　經常　有時　很少　未曾
5　　4　　3　　2　　1

□　□　□　□　□　每兩次的月經週期，來潮的第一天間隔往往少於21天。

□　□　□　□　□　每次經血量多，會溢出衛生棉墊外。

健康的寶寶，來自健康的母體。從每個月都要來報到的小紅，就可以得知妳的身體狀況喔！

透過國寶女中醫的體質檢測，教你更認識自己的體質，及早做好孕前調理、保養子宮，便能增加受孕率，在最佳的健康狀況下開心迎接新生命的到來。

總是	經常	有時	很少	未曾	
5	4	3	2	1	
□	□	□	□	□	經血顏色偏淡紅。
□	□	□	□	□	容易感到疲乏，呼吸時覺得氣不足。
□	□	□	□	□	比起別人更容易罹患感冒。
□	□	□	□	□	喜歡安靜，懶得說話。
□	□	□	□	□	只要活動量一增加，就會冒出大汗。

C.

總是	經常	有時	很少	未曾	
5	4	3	2	1	
□	□	□	□	□	每兩次的月經週期，來潮的第一天間隔往往超過35天。
□	□	□	□	□	每次經血量均過少，例如無法用完一包衛生棉，或月經期不超過3天。
□	□	□	□	□	經血顏色呈淡色且稀薄狀。
□	□	□	□	□	臉色偏黃。
□	□	□	□	□	容易感到頭暈眼花。
□	□	□	□	□	易心悸。
□	□	□	□	□	有失眠困擾。

D.

總是	經常	有時	很少	未曾	
5	4	3	2	1	
□	□	□	□	□	月經老是提前報到（兩次月經週期間隔少於25天）。
□	□	□	□	□	經血淋漓不盡，經常要超過7天才排得乾淨。

總是 經常 有時 很少 未曾
5　4　3　2　1
☐　☐　☐　☐　☐　經血呈深紅色，且偏黏稠。
☐　☐　☐　☐　☐　比起別人感覺手心、腳心更易發熱、出汗，心口煩熱。
☐　☐　☐　☐　☐　經常口乾咽燥、喜喝冷飲，或即使喝了水也感覺口渴。
☐　☐　☐　☐　☐　經常感覺身體或臉頰發熱。
☐　☐　☐　☐　☐　平素有便秘問題，或糞便偏乾燥。

E.

總是 經常 有時 很少 未曾
5　4　3　2　1
☐　☐　☐　☐　☐　月經常先後不定期，如提前7天或延後7天以上。
☐　☐　☐　☐　☐　經血量或多、或少不規則。
☐　☐　☐　☐　☐　經血顏色偏暗，且呈稀薄狀。
☐　☐　☐　☐　☐　平常感到腰部痠痛。
☐　☐　☐　☐　☐　常感到頭暈、耳鳴。
☐　☐　☐　☐　☐　容易感到疲勞。
☐　☐　☐　☐　☐　性欲有減退現象。

F.

☐　☐　☐　☐　☐　月經總是提前（兩次月經週期間隔少於25天）。
☐　☐　☐　☐　☐　經血量多，經常溢出衛生棉墊外。
☐　☐　☐　☐　☐　經血顏色偏淡。
☐　☐　☐　☐　☐　總是感覺四肢倦怠、無力。
☐　☐　☐　☐　☐　平常容易感到食欲不佳，口淡乏味。
☐　☐　☐　☐　☐　用餐後常感腹部脹滿不適。
☐　☐　☐　☐　☐　糞便溏泄、不成形。

G.

總是	經常	有時	很少	未曾	
5	4	3	2	1	
□	□	□	□	□	月經週期常不定期，有提前或延後情形。
□	□	□	□	□	經血常淋漓不暢。
□	□	□	□	□	每個月來經時必會發生經痛。
□	□	□	□	□	有經閉經驗，即三個月以上不來經。
□	□	□	□	□	經血顏色呈暗紅，或夾有血塊（大於5元銅板）。
□	□	□	□	□	來經前常感乳房脹痛。
□	□	□	□	□	情緒易感低落、憂鬱，容易受到驚嚇。

H.

總是	經常	有時	很少	未曾	
5	4	3	2	1	
□	□	□	□	□	經期不定，就連自己也抓不準週期。
□	□	□	□	□	來經時常覺得經行不暢，經血排不出來。
□	□	□	□	□	經血偏暗紫色，且血塊多。
□	□	□	□	□	月經來時常感小腹疼痛，痛感固定於某一處。
□	□	□	□	□	臉上常帶有黑眼圈，且唇色偏暗淡。
□	□	□	□	□	臉色晦暗，容易有褐斑。
□	□	□	□	□	記性不好，常忘東忘西。

I.

總是	經常	有時	很少	未曾	
5	4	3	2	1	
□	□	□	□	□	月經經常提前報到（兩次月經週期間隔少於25天）。
□	□	□	□	□	經血量過多，一般衛生棉總是不敷使用。
□	□	□	□	□	經血顏色偏紫紅，且偏黏稠狀。
□	□	□	□	□	經血中常夾有血塊。
□	□	□	□	□	常感口乾、嘴巴有黏膩感，特別喜愛冷飲。

總是	經常	有時	很少	未曾	
5	4	3	2	1	
☐	☐	☐	☐	☐	小便時尿道常有灼熱感，且尿色偏深。
☐	☐	☐	☐	☐	常因不明原因感到心胸煩悶。

J.

總是	經常	有時	很少	未曾	
5	4	3	2	1	
☐	☐	☐	☐	☐	每兩次的月經週期，間隔總是大於35天。
☐	☐	☐	☐	☐	經血量偏少，更換衛生棉時常發現無血跡，或每次週期用不完一包衛生棉。
☐	☐	☐	☐	☐	經血顏色偏暗紅，或夾有血塊。
☐	☐	☐	☐	☐	手腳經常感覺冰冷。
☐	☐	☐	☐	☐	來經時常發生經痛，但熱敷過後、痛則稍減。
☐	☐	☐	☐	☐	常有大便溏泄不成形的現象。
☐	☐	☐	☐	☐	小便清長，即尿液清澄且量多。

K.

總是	經常	有時	很少	未曾	
5	4	3	2	1	
☐	☐	☐	☐	☐	每次月經經常延後報到，即週期間隔大於35天。
☐	☐	☐	☐	☐	來經時很容易發生腹瀉症狀。
☐	☐	☐	☐	☐	經血顏色偏淡紅色。
☐	☐	☐	☐	☐	身材屬肥胖型。
☐	☐	☐	☐	☐	常感身體沉重、行動笨重不輕鬆。
☐	☐	☐	☐	☐	嘴巴裡常有黏膩感。
☐	☐	☐	☐	☐	舌苔厚膩，即舌頭上布滿黏黏厚厚的舌苔。

▲ 以上各組分別加總，如有某題組分數大於20分者，即為該組體質。

A型：平和體質

此類型的人月經狀況正常，表示氣血充盈、身心健全，是非常容易受孕並養育出健康寶寶的體質。只要好好放鬆精神，相信不久即可順利受孕；注意受孕後要避開易引發過敏的食物。

B、C型：氣虛、血虛體質日常生活飲食＆習慣調養建議

氣虛的女性是屬於身體機能較虛弱的一個類型，平常就容易感冒，同時排卵不易，導致受精卵在著床上也會發生困難。

而導致血虛的因素，包括先天體質不良，吸收能力不好等等。當身體血虛（即俗稱的貧血），則血海不充，子宮、卵巢失養，胚胎自然無法順利著床；或即使著床了、胎兒也會有生長發育遲緩的情形。

 益氣健脾的食物
紅蘿蔔、豆腐、雞蛋、
紅棗、桂圓等

 會耗氣的食物
空心菜、生蘿蔔、檳榔

01飲食建議

 多吃具有益氣健脾作用的食物，如黃豆、雞肉、鰻魚、鱒魚、香菇、青花菜、紅蘿蔔、豆腐、雞蛋、紅棗、桂圓、蜂蜜等等。

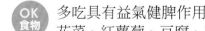 避免吃「會耗氣」的食物，例如空心菜、生蘿蔔、檳榔。

02生活習慣的養成

- 平時可多做柔軟溫和的運動，像是散步、太極拳；不宜進行過度負荷、會大量出汗的運動。《黃帝內經》中提到「多言耗氣」、「久臥傷氣」、「陽光補氣」，因此最好在陽光下多散步，其效果有如吃補。
- 平日亦可多按摩足三里穴。

吃對食物，
吃出好孕氣！

D型：陰虛體質日常生活飲食＆習慣調養建議

　　陰虛體質的人，在血液、津液及身體的所有液體均有不夠充足的情形，對受精卵的營養供應也會有較為缺乏的問題。

OK 食物

**多吃甘涼、
滋潤的食物**

百合、黑木耳、
燕窩、海參
牛肉、櫻桃、葡
萄、李子

NG 食物

性溫燥烈的食物

辣椒、蔥、蒜、羊肉
韭菜、葵花子

01飲食建議

多吃甘涼、滋潤的食物，如瘦豬肉、鴨肉、豬肝、雞肝、熟洋蔥、冬瓜、芝麻、百合、黑木耳、燕窩、海參。或是甘溫、益血的食物，呈紅色或黑色者為佳，如牛肉、櫻桃、葡萄、李子、蘋果、豬血糕、甜菜根、紅毛苔等。

少吃羊肉、韭菜、辣椒、蔥、蒜、葵花子等性溫燥烈的食物。

02生活習慣的養成

● 中午保持一定的休息時間，小睡15～30分鐘最佳。避免熬夜、劇烈運動或是在高溫酷暑下活動及工作。房事宜節制。

● 運動以適度為宜，不做大量流汗的類型。中小強度、間斷性的身體訓練，如太極拳、伸展操、散步較適合。需及時補充水分，亦不適合洗三溫暖。

● 平日要多修心養性、克制情緒，遇事要冷靜，防止惱怒；正確對待順境與逆境。不妨練習書法或下棋、彈琴來怡情悅性；或是旅遊寄情山水也很好；可多聽些曲風輕柔、抒情的音樂。

助孕經典飲食

　　陰虛、血虛體質特別不易受孕，除了要注意均衡的膳食外，用適當的藥膳做為平日的調理，就能見到不錯的成效。

燕窩海鮮

材料

即食燕窩38克，雞蛋3個，蝦仁4隻，紫山藥丁、秋葵丁各1大匙。

做法

STEP 1　蝦仁去除腸泥備用。

STEP 2　雞蛋打入碗中，加入適量的水與少許鹽拌勻，再加入蝦仁與紫山藥丁，放入蒸籠中蒸熟，再加入秋葵丁與即食燕窩略蒸，即可取出食用。

豬肝湯

材 料

豬肝100公克，紹興酒1小匙，玫瑰花1小匙，蒜末、鹽
各少許。

做 法

STEP 1 豬肝洗淨，切片；玫瑰花洗淨後備用。

STEP 2 豬肝放入滾水中煮熟，再加入紹興酒及玫瑰花、
　　　　蒜末、鹽再調味，即可盛盤。

E、F型：腎虛、脾虛體質日常生活飲食＆習慣調養建議

中醫學裡所說的腎，包含了生殖功能，與內分泌的關係密切。因此腎虛體質的人，子宮容易有過寒現象，使整體的代謝、元氣都處於一個虛衰的情況，這也是不利受精卵著床的關鍵因素。

脾為後天之本，是氣血生化之源，平日體質脾虛者，若飲食又不節制，易發生消化、吸收不正常、營養不良，則經水無法按期而至；體內的津液也會停在不該滯留的地方，造成浮腫或白帶過多現象。

OK
食物

多吃甘溫、益氣的食物

牛肉、羊肉、蔥、薑、大蒜、蝦、牡蠣或是芝麻

NG
食物

避免生冷寒涼食物

蓮藕、水梨、黃瓜、西瓜

01 飲食建議

OK
食物
可多吃甘溫、益氣的食物，如牛肉、羊肉、蔥、薑、大蒜、花椒、鱔魚、韭菜、辣椒、胡椒。或是溫補腎氣的食物，包括蝦、牡蠣等海產，或是芝麻、腰果的堅果類食物。

NG
食物
少食生冷寒涼食物，如黃瓜、蓮藕、水梨、西瓜等。

02 生活習慣的養成

● 秋冬要注意保暖，尤其足下、背部及下腹部丹田部位的防寒保暖要做好；夏天避免長時間吹冷氣；平日多到戶外曬曬太陽，不但可補氣還可溫陽。

● 一些舒緩柔和的運動可多做，像是慢跑、散步、體操、太極拳；可適當洗三溫暖及溫泉浴。並可自行按摩氣海、足三里、湧泉等穴位，或在足三里、關元穴位進行針灸。可多聽些激昂、高亢、豪邁的音樂類型。

助孕經典飲食

　　氣虛、脾虛的體質特別不易受孕，在日常生活中，除了要注意均衡膳食外，如果能加以適當的藥膳調理，就會見到不錯的成效。

材 料

西洋參、山藥、芡實、杜仲、紅棗各2錢，排骨4兩，鹽少許。

做 法

STEP 1　藥材洗淨；排骨入滾水汆燙，撈起以冷水沖洗雜質。

STEP 2　全部材料放入電鍋中加水淹過，外鍋倒1杯水煮至開關跳起即可。

杜仲排骨湯

益氣蓮子湯

材 料
西洋參、淮山各1.5錢，鮮蓮子15粒，排骨300公克。

做 法

STEP 1 西洋參及蓮子洗淨，排骨燙除血水與淮山一起
放入鍋加適量水，放入電鍋，外鍋倒半杯水煮
至蓮子軟糯，調味即可。

★如使用乾蓮子時，則蒸煮的時間要久一點，外鍋放1
杯水，開關跳起後再燜20～30分鐘。

G型：氣滯體質日常生活飲食＆習慣調養建議

　　氣滯者，在生殖或是內分泌系統上容易發生阻滯不通的症狀，導致內分泌異常，像是多囊性卵巢即以氣滯體質者最為多見。基本上這一類型的人多有排卵困難的情形。

OK 食物

多吃行氣解鬱的食物

香菜、九層塔、海帶、蘿蔔

NG 食物

避免具有提神的食物

茶或咖啡

01 飲食建議

OK 食物 可多吃小麥、蔥、蒜、香菜、九層塔、海帶、海藻、蘿蔔、金桔、山楂等具有行氣、解鬱、消食、醒神作用的食物。

NG 食物 睡前避免飲茶或咖啡等提神醒腦的飲料。

02 生活習慣的養成

● 盡量增加戶外活動，養成規律的大量運動鍛鍊，例如跑步、登山、游泳、武術等。

● 要多參加團體性的運動，減少自我封閉的生活型態；多結交朋友，及時向親友傾吐不良情緒。

H型：血瘀體質日常生活飲食＆習慣調養建議

　　女性血瘀體質的形成，往往是經期吃生冷食物、消炎藥或沖洗冷水澡，使寒與血凝滯留於生殖系統；或是經行時情緒抑鬱，使血行滯礙；或因為陽亢體質者在經行時又過食辛辣或因病高燒，使熱與血相結合所造成。這種瘀象也經常是形成子宮肌瘤、子宮內膜異位的成因。

多吃活血、散結的食物
柳橙、柚子、桃子、醋、玫瑰花

01飲食建議

 可多食黑豆、海藻、海帶、紫菜、蘿蔔、紅蘿蔔、金桔、柳橙、柚子、桃子、李子、山楂、醋、玫瑰花、綠茶等具有活血、散結、行氣、疏肝解鬱作用的食物。

 要少吃肥豬肉。

02生活習慣的養成

- 需保持足夠的睡眠，但不可過於安逸。
- 可進行有助於促進氣血運行的運動項目，例如太極拳、舞蹈、散步等。如運動時出現胸悶、心悸、呼吸困難、脈搏顯著加快……等不適症狀，應至醫院檢查。
- 規律性的按摩可使經絡暢通，達到緩解疼痛、穩定情緒、增強人體功能的作用。

I型：濕熱體質日常生活飲食＆習慣調養建議

　　此類型的女性也常處在脾虛的狀態，基本上就是一個偏濕的體質，然而中醫說「日久濕鬱則化熱」，因此形成濕熱。身體在這樣濕熱的環境，很容易遭受感染、發炎，使生殖、泌尿系統環境不良，凶而亦不利於孕育胎兒。

OK
食物

多吃甘寒、
甘平的食物

莧菜、芹菜、菠菜

NG
食物

避免油炸、
辛辣易上火的食物

炸雞腿、薑母鴨、麻
油雞

01飲食建議

OK
食物　飲食宜清淡，多吃甘寒、甘平的食物，如綠豆、空心菜、莧菜、芹菜、菠菜、黃瓜、冬瓜、蓮藕、洋蔥、豆腐、海帶、西瓜、葡萄、檸檬。

NG
食物　少吃油炸、辛辣易上火的食物，如火腿、培根、麻辣鍋、薑母鴨、麻油雞等等。並應戒除菸酒。

02生活習慣的養成

● 不要熬夜及過於勞累。
● 於盛夏暑濕較重的季節，要減少戶外活動。平時適合做運動量較大的鍛鍊，例如中長跑、游泳、爬山、球類、武術……等。

J型：血寒體質日常生活飲食＆習慣調養建議

身體本為陽虛的人或是過度食用寒涼生冷的食物，使寒氣從內而生以致陽氣不運，就會影響人體的生化功能。女性在經期來臨時，外在環境的寒氣易入侵人體，使血為寒凝，也就特別容易生病。像是經量過少、閉經、不孕、經痛等等問題，就是血寒所引起。

OK 食物

多吃溫補腎氣的食物

蝦、牡蠣、芝麻

NG 食物

避免生冷寒涼的食物

黃瓜、蓮藕、水梨

01飲食建議

OK 食物 牛肉、羊肉、蔥、薑、大蒜、花椒、鱔魚、韭菜、辣椒、胡椒等甘溫、益氣的食物。或蝦、牡蠣、芝麻、腰果的堅果類食物。

NG 食物 少吃黃瓜、蓮藕、水梨、西瓜等生冷寒涼食物。

02生活習慣的養成

- 一些舒緩柔和的運動可多做，像是慢跑、散步、體操、太極拳。
- 秋冬要注意保暖，尤其足下、背部及下腹部丹田部位的防寒保暖更要做好；平日可多到戶外曬太陽，不但可補氣還可溫陽。

K型：痰濕體質日常生活飲食＆習慣調養建議

　　痰濕者容易有肥胖問題，而女性荷爾蒙因儲藏在脂肪當中，因此不利胎兒成長。加上痰濕又會阻礙產道，同樣對受孕及著床有不良影響；且因白帶多，使得精卵結合不易。值得注意的是，此一體質者容易罹患高血脂、高血糖、高血壓，也是多囊性卵巢症候群的大宗族群。

OK 食物

多吃高纖維的蔬菜水果

海藻、海帶、地瓜、冬瓜、蘿蔔

NG 食物

避免甜食、油炸的食物

炸雞腿、豬排、甜點

01 飲食建議

OK 食物 飲食以清淡為原則，除攝取優良蛋白質外，其他如維生素、礦物質的均衡飲食亦不可少；千萬不可以過度節食方式來減肥。可多吃蔥、蒜、薑、棗、海藻、海帶、芋頭、冬瓜、蘿蔔、金桔、芥末及高纖維的蔬菜、水果等。

NG 食物 少吃肥肉及甜食，避開油膩、油炸食物。

02 生活習慣的養成

● 多多進行戶外活動，養成規律、長期的運動習慣，並合理的控制體重。
● 平日穿著要以透氣、散濕的材質為主，可多曬太陽或做做日光浴。

你做對了嗎？

掌握生理週期四階段調養術，

女性的月經週期一般平均在28天左右，而依據身體的變化又可分為以下四大時期。

利用不同的生理階段，給予身體最需要的呵護，既可讓妳的生理期順順來沒煩惱，同時也能強健子宮，讓寶寶早點進駐喔！

行經期調養重點

這是指月經來後的1～5天，是身體進行新舊汰換的時期。所謂「舊的不去，新的不來」，此階段重點在於必須將老舊的經血排除乾淨，才能有助下一次的新陳代謝。

因此，中醫的調養重點以活血、通絡，使經血順暢排出為主。**可飲用紅糖薑茶、吃山楂蜜餞或豬肝湯作為輔助食療。避吃生冷及寒涼、辛辣燒烤食物**，以清淡飲食為宜，補充高纖維質的蔬菜水果。

在日常保養上，由於女性在行經期間元氣大傷，會有嚴重的疲倦感，避免熬夜、勞動，要有充足的睡眠及休息；不宜激烈運動，但以平時生活作息為度即可。

經後期調養重點

　　月經報到後的6～10天稱為經後期，是行經期結束至排卵間的階段。因為月經才剛結束，因此女性比較有血虛的情形。為增進子宮內膜的修復及建構，**調理重點為「滋陰、養血」**。

　　日常飲食上，經後期可多攝取含有豐富鐵質的食物，通常顏色較深的含量也越多，可促進造血，如深綠色的蔬菜、紅鳳菜、紫菜，牛肉、豬肝、雞肝，櫻桃、葡萄、紅豆、紅棗、黑棗乾……等。

　　至於是否要喝四物湯、八珍或十全大補湯，建議在不了解體質的情形下，還是不要隨意亂服，以為這樣就是「吃補」。有些熱性體質或內熱較大的人，吃完後反而會口乾舌燥、冒痘痘；尤其有子宮肌瘤者更不可自行藥補，必須經過中醫師根據體質做藥材上的加減，才能真正達到調補的功效。

☺ 經間期調養重點

　　是指月經來潮後的11～20天，即所謂的排卵期。這時子宮內膜持續增厚，卵泡也漸趨成熟，想要受孕的女性就要好好把握這個禮拜。

　　為了預測準確的排卵時間，基礎體溫的測量不可少！此外，現代人生活壓力大，在排卵期前後試著放鬆心情，對幫助受孕也有極大好處。

　　而越接近排卵期，子宮的分泌物相對較多，記得別穿過緊的褲子；避免長時間使用護墊，保持私密處的通風乾爽，可降低病菌感染機率並維持全身的舒暢。**巧克力與甜食，在此時可以讓人有滿足、幸福的感覺，可適當食用。**

☺ 經前期調養重點

　　自月經來後的第21～28天，也稱為黃體期，因為黃體激素開始分泌，很多女性會有的經前症候群也會在此時一一出現。

　　為了避免黃體素作用，導致水分積蓄體內、造成水腫，日常飲食要少鹽、輕調味，少吃油炸食物；**可多吃紅豆、綠豆、薏仁、冬瓜……等，幫助排濕、消腫。**

　　因為受到內分泌改變的影響，很多女性這時候容易食欲大開，小心不要大吃大喝或過食甜品。多運動或是泡泡熱水澡，可促進血液循環、消除下半身水腫現象，並有助舒緩情緒，減輕月經來潮的不適感。此時嚴禁騎腳踏車、爬山……等高強度的運動或是過於激烈的行房，以防早孕流產的發生。

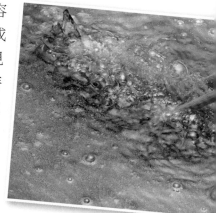

基礎體溫掌握好，受孕更簡單

想成功受孕的女性們，透過測量基礎體溫可以更了解自己的排卵狀況，特別是那些月經老是不按規則來的人。這種自行測量的方法亦可初步判知是否有其他婦科疾病或不孕症的可能，在看診時能提供醫師具體的參考。

3步驟測量妳的基礎體溫

基礎體溫（Basal Body Temperature，簡稱BBT），是人在經過較長時間的睡眠後醒來、尚未進行任何活動、飲食前所測量到的體溫，因此也是一天中的最低體溫。

由於分泌黃體素的關係，女性的體溫會升高，測量基礎體溫的用意即是從溫度變化來觀察是否有排卵的現象。

STEP 1 首先可到藥局或大型美妝用品店購買一支女性基礎體溫專用的體溫計，與一般體溫計不同，它有非常精密的刻度，可至小數點下兩位，些微的體溫變化都能被測量出來。

STEP 2 在夜間睡覺之前，將基礎體溫計放置在一醒來便可隨手拿到的地方，早晨清醒、還沒起身前，將其放在舌下測量3～5分鐘。

STEP 3 將所測得的溫度在每日基礎體溫表格以藍筆或黑筆點上，再將每天連續測量的點連起來，得出週期曲線，即為基礎體溫線。

★測量基礎體溫建議應在睡眠持續 6小時以上的狀態下，且須每天進行，時間及位置最好要固定，結果才會比較準確；因為工作關係晚上必須值夜班的女性，可在下午5點左右測量。

★每個月的月經來潮及行房日期要另外加上標示；如果有白帶、異常出血、感冒、發燒、服藥、飲酒、旅遊、睡眠品質不佳……等會影響體溫的狀況，也要特別註記。

自我判讀基礎體溫變化

身體機能正常且面臨生育年齡的女性,因為排卵的緣故,基礎體溫通常會呈現出週期性的變化。正常情形下,從月經週期來看體溫的變化:在行經期時偏低溫;經後期持續低溫,在排卵日前會有小幅度的高低變化;等到經間期體溫上升,基礎體溫呈現高溫相;直至經前期都會維持一個高溫的狀態。

正常排卵

當基礎體溫圖呈現高低溫兩種變化、且為前低後高的曲線,即是所謂的「雙相型」體溫曲線,表示排卵功能正常。

計畫孕育寶寶的女性,可藉此預測下次的排卵日,一般會發生在體溫上升前或由低往高溫上升當中;若是等到基礎體溫達到高溫時才行房,懷孕的機率會降低。

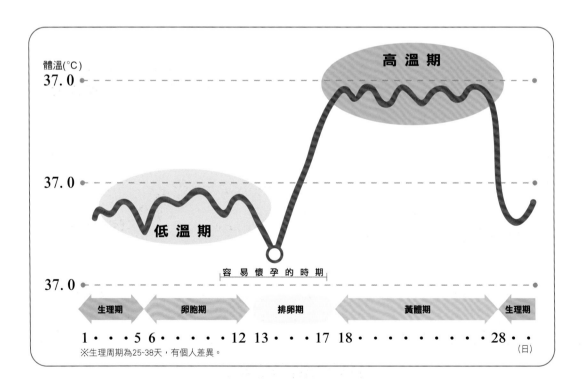

無排卵

像這種體溫維持單相型態，也就是看不出有什麼低溫、高低變化的圖表，就是典型的無排卵現象；因排卵不規則、當然不易受孕。大多都發生在卵巢功能不佳的人身上，例如患有多囊性卵巢綜合症者。當發現自己的體溫圖像屬於此類型時，必須就醫檢查，以便醫師及早對症治療。

懷孕

在月經沒有正常報到之後，體溫又呈現持續高溫狀態，代表可能已經懷孕，宜盡快至婦產科做確認。

黃體功能不足

正常情況下，高溫期應該超過12天以上，當持續小於12天時即高溫期過短，表示黃體功能不佳、內分泌失調，因此不易受孕；即使受孕了，胚胎也不容易成功著床。

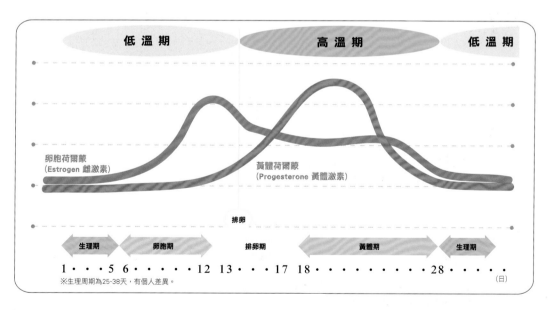

月經週期的荷爾蒙變化

🙂 想要好孕，準媽媽、準爸爸必知二三事

要成功受孕，並孕育出健康聰明的寶寶，不僅僅是女性一方的事，夫妻雙方都應共同努力。在準備懷孕前，注意以下宜忌事項及營養攝取，將會達到理想的助孕效果喔！

準媽媽7宜忌

❶ 應避免刺激性的食物，例如過於辛辣的麻辣鍋要少吃。

❷ 不要吃生的食物，像是生魚片、生牛肉；冷飲、冰品盡量少食。

❸ 油膩的食物易傷害腸胃功能，也會讓人導致肥胖、不利受孕。

❹ 不可瘋狂減肥，錯誤的減肥會使月經不正常，更增加受孕的困難度。

❺ 不宜進行過於激烈的運動。

❻ 古有明訓：妒婦不孕，主要是說明情緒的緊張及過多的壓力，讓人不易受孕，宜保持愉快心情。

❼ 在平時就應有固定洗牙並做牙齒檢查的習慣，這樣一來能防止懷孕期間齲齒或牙周病的發生。

❽ 懷孕前應做的檢查：檢查是否有德國麻疹抗體、水痘抗體、B型肝炎帶原、梅毒及愛滋病。透過婦科超音波，還可知道子宮或卵巢是否有異常，或是有無子宮內膜異位、子宮肌瘤等等狀況。

🙂 準爸爸的飲食與生活要注意什麼？

飲食原則及營養攝取

多吃優質
蛋白質喔！

蛋白質

男性每天都會製造精蟲，而蛋白質又是生成精子的重要原料，因此優質的蛋白質非常重要。牡蠣、蝦子同時含有DHA，對大腦發育有促進作用；其他如豆

類、肉類、肝臟、牛奶、魚類、蛋也是很好的選擇。最好多樣化的攝取，且不宜過量，因過多的蛋白質對腎臟也是一種負擔。

礦物質

礦物質和微量元素也是提升精子成熟與活力的重要元素，尤其是鋅和鈣是精子的生成原料；牡蠣則是目前所知含鋅最多的食物。稻米中的硒則對精子的活動力有幫助。

維生素

維生素分為水溶性及脂溶性兩種。其中脂溶性維生素－A、E，有延緩衰老、降低腎功能衰退的作用，同時對精子的生成及提高活性具有良好效果。除此之外，維生素B、C也很重要，特別是其中的葉酸，對精液濃度、活動力皆有影響。

富含葉酸的食物，例如：

❶ 綠色蔬菜

菠菜、萵苣、紅蘿蔔、龍鬚菜、花椰菜、油菜、小白菜、扁豆、蘑菇。

❷ 新鮮水果

香蕉、檸檬、桃子、橘子、草莓、櫻桃、葡萄、奇異果、梨。

❸ 動物食品

動物的肝臟、雞肉、牛肉、羊肉、蛋。

❹ 五穀豆類、堅果

大麥、米糠、小麥胚芽、糙米、黃豆、核桃、腰果、栗子、杏仁、松子。

生活習慣的禁忌要謹記

❶ 菸酒不宜

　　根據統計，吸菸者的正常精子數量比正常人少10％，精子的活動力降低，且胚胎畸形比例也較高。

　　而過量或長期的飲酒，會加速體內男性荷爾蒙分解，致使性慾減退、精子畸形，容易出現陽痿現象。

❷ 4種食物要少吃

　　大蒜、空心菜與生的白蘿蔔在中醫來說，是會削弱人體正氣的食物，尤其大蒜還有抑制精子的作用；生食白蘿蔔則會減損腎氣，想要順利使太太受孕的人以熟食為佳。另外，**葵瓜子中的蛋白質有抑制睪丸的成分**，會引起睪丸萎縮，影響生育功能，勿過量食用。

❸ 不泡溫泉、不洗盆浴

　　經常泡溫泉、三溫暖或是長時間泡熱水澡，會使睪丸溫度過熱，降低精子數量，也不利於精子的活動力。

❹ 3C電子器材使用要小心

　　手機掛在腰間，或是把筆記型電腦放在大腿上使用，這些電磁波對精子的型態、活動力或是生成，長久以來始終是個爭論的課題，建議男性們還是盡量避開這類不當的使用方式。

● 懷孕前應做的檢查：除了梅毒及愛滋病的篩檢外，也應做精液檢查，以分析精蟲數量及品質。如果想知道下一代會不會有染色體或基因異常，亦可加做遺傳診斷。

停服避孕藥後多久可以懷孕？

避孕藥即荷爾蒙，服藥目的是在抑制排卵，想要懷孕的女性，在停止服用後短期約一兩個月，也有的要等3～6個月才能受孕（必須視所服避孕藥的使用說明）。無論如何，都應等到月經依正常週期報到，恢復人體自然的排卵功能之後，加上放鬆心情，很快便能有好消息了。

國家圖書館出版品預行編目資料

坐月子體質調教聖經：行醫50年，醫學博士教你3：8
調養術，在家也能坐五星級月子現省20萬 / 徐慧茵
編著. -- 新北市：臺灣廣廈 ,2013.11
　　面：　公分
　　ISBN　978-986-130-240-9 (平裝)
　1.懷孕　　2.婦女健康　　3.育兒　　4.坐月子
429.12　　　　　　　　　　　　　　102016817

坐月子體質調教聖經

行醫50年，醫學博士教你3：8調養術，
在家也能坐五星級月子現省20萬

作者 Writer	徐慧茵
出版者 Publishing Company	台灣廣廈有聲圖書有限公司
	Taiwan Mansion Books Group
登記證	局版台業字第6110號
發行人 / 社長 Publisher / Director	江媛珍 Jasmine Chiang
副總編輯 Managing editor	張秀環 Katy Chang
助理編輯	高聖婷 Freya Gau
文字協力	鄭碧君
封面設計	果實文化設計
內頁插畫	蘇容瑩
封底插畫	朱家鈺
攝影	郭樸真
媒體行銷	于筱芬 Ivy Yu
美術主編 Art editor	張晴涵 Sammy Chang
行政會計	吳鳳茹 Erica Wu
發行管理	吳俞賢、李瑞翔　Sam Wu、Tim Li
法律顧問	第一國際法律事務所　余淑杏律師
郵撥戶名	台灣廣廈有聲圖書有限公司
	（購書300以內，需外加30元郵資，滿300（含）以上，免郵資）
劃撥帳號	18788328
圖書總經銷	知遠文化事業有限公司
訂書專線	（02）2664-8800
傳真專線	（02）2664-8801

網址 www.booknews.com.tw　　www.booknews.com.tw　博・訊・書・網

排版／製版／裝訂　果實／東豪／弼聖／秉成
出版日期／2013年11月一刷　　定價／399 元
版權所有・翻印必究

台灣廣廈出版集團

23586 新北市中和區中山路二段359巷7號2樓

台灣
廣廈　編輯部 收

讀者服務專線：(02) 2225-5777 ＊142

坐月子
Bible
for Mommy.

體質調教聖經

行醫50年，醫學博士教你 3：8 調養術，
在家也能坐出五星級月子現省20萬

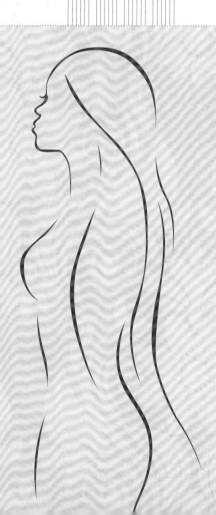

台灣廣廈 讀者回函卡

親愛的讀者：

　　感謝您購買本書籍，雖然我們很謹慎地推出每一本健康好書，以利社會大眾的健康觀念能融入生活脈絡中。但健康的世界浩瀚無垠，與其要從眾多的資訊中辛苦的搜尋，倒不如將寶貴的意見毫不吝嗇的告訴我們，期盼您能將以下資料填妥後寄回本公司，讓我們能製作出更多輕鬆讀、看得懂、簡單學的實用健康書，非常感謝您！

1. 您最想獲得的健康醫學資訊 □西醫新知 □中醫天地

2. 您最想蒐集的健康資訊優先順序是：（請依順序填寫）

　　□胎兒成長 □嬰幼兒養護 □青春期發育 □婦女保健 □男性保健 □銀髮族照護 □上班族解壓秘方
　　□防癌、抗癌

3. 在有限的預算中，您購買健康類書籍的優先順序是：（請依順序填寫）

　　□日常保健 □營養調理 □醫藥新知 □健康飲食 □美容4.請問您的性別：□女 □男

4. 您的年齡：□20歲以下 □20～30歲 □30～40歲 □40歲～50歲 □50歲～60歲 □60歲以上

5. 您習慣以何種方式購書：

　　□書店 □劃撥 □書展 □網路書店 □超商 □量販店 □電視購 □其他 _____

6. 您的職業：

　　□學生 □上班族 □ 家庭主婦 □軍警/公教 □金融業 □傳播/出版□服務業 □自由業 □銷售業 □製造業
　　□其他 _____

7. 您是否有興趣接受敝社新書資訊？ □有 □沒有

8. 如果方便，請留下您的電子信箱，我們會將最新出版訊息報給您知：

　　E-mail： _____

9. 您從何處得知本書出版訊息：

　　書店 □報紙、雜誌 □廣播 □電視 □親友介紹 □其他 _____

10. 您對本書的評價（請填代號1.非常滿意 2.滿意 3.普通 4.有待改進）

　　□書名 □內容 □封面設計 □版面編排 □實用性

11. 您希望我們未來出版何種主題書，或其他的建議是：（請以正楷詳細填寫，以便使您的資料完整登錄）

　　姓名 /_____ 電話 /_____ 手機 /_____

　　地址 / 郵遞區號□□□ _____

台灣廣廈出版社「健康萬萬歲」系列，將陸續推出能夠讓讀者安心且放心的精彩好書！

讀者服務：〈02〉22255777轉141、142